やさしくわかる!

文系のための東大の先生が教える重力

監修 松尾 泰
東京大学大学院教授

はじめに

高校で最初に勉強する物理のテーマの一つとして，「重力中の物体の運動」があります。重力は，われわれにとって日常にありふれたものであり，スポーツなどを通して，みなさまもよく慣れ親しんでおられるはずです。

一方で，重力はさまざまな発見を通して自然科学全体を牽引していたテーマでもあります。**天体の観察を通して発見された「天動説から地動説への移行」は，当時の常識をひっくり返した大事件でした。**また，ニュートンにより確立された「力学」は，「微積分学」という数学の大きな発展を促しました。私たちが日常的に体験する重力の性質は，この時代に確立されたものです。

20世紀になるとアインシュタインは「相対性理論」を通じて時間と空間の概念に革命をおこします。まず，光速の不変性から出発し「特殊相対性理論」を発見しました。これにより，時間と空間はたがいに区別すべき絶対的なものという見方が否定され，たがいに伸び縮みする相対的なものという新しい考え方が生まれました。**アインシュタインはそれをさらに発展させ，重力とは「時空の性質そのもの」であるという「一般相対性理論」を確立しました。**重力による加速度は時空のゆがみに起因する，という驚くべきものでした。その後，一般相対性理論はさまざまな形で実験的に検証され，ブラックホールや重力波の発見には，ノーベル賞が授与されています。

本書はガリレオから現在の「超ひも理論」にいたるまで，重力のさまざまな側面の全体像を解説したものです。不思議に満ちあふれた重力の世界を堪能していただけたらと考えております。

監修
東京大学大学院理学系研究科教授
松尾 泰

目次

1 時間目 ニュートンが発見した万有引力の法則

STEP 1

すべての物体は引き合っている!

STEP 2
万有引力の法則があばいた星々の世界

2時間目 重力の正体は，時空のゆがみだった

STEP 1

時間と空間の常識を覆した特殊相対性理論

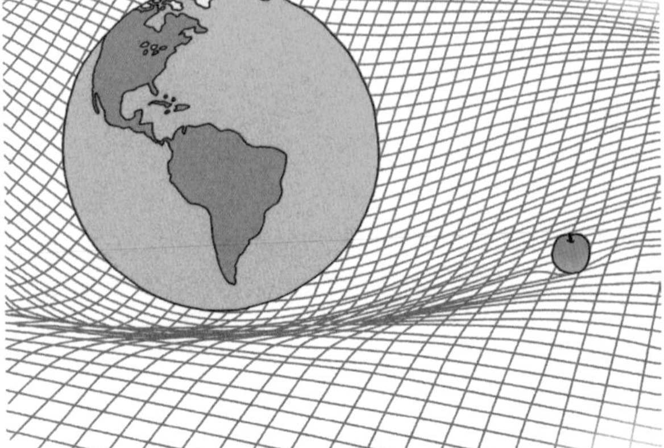

STEP 2

重力理論に革命をおこした一般相対性理論

STEP 3

重力波とブラックホールの観測

3時間目 重力は，現代物理学最大の謎

STEP 1

謎に包まれた「ミクロな世界の重力」

STEP 2

謎の重力源と謎のエネルギー

STEP 3

重力はなぜ弱いのか

4時間目 重力の謎にせまる 超ひも理論

STEP 1

世界は「ひも」でできている

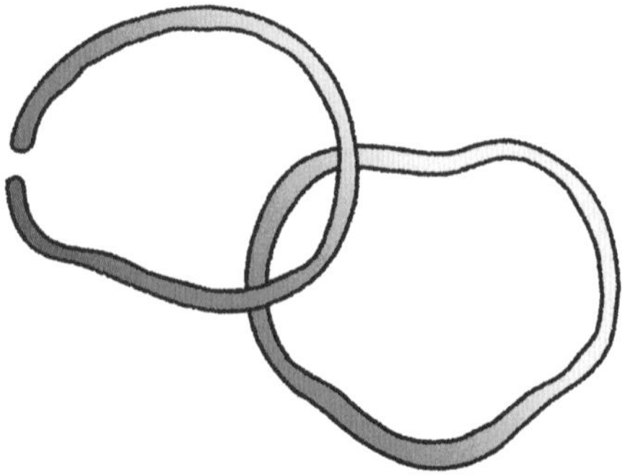

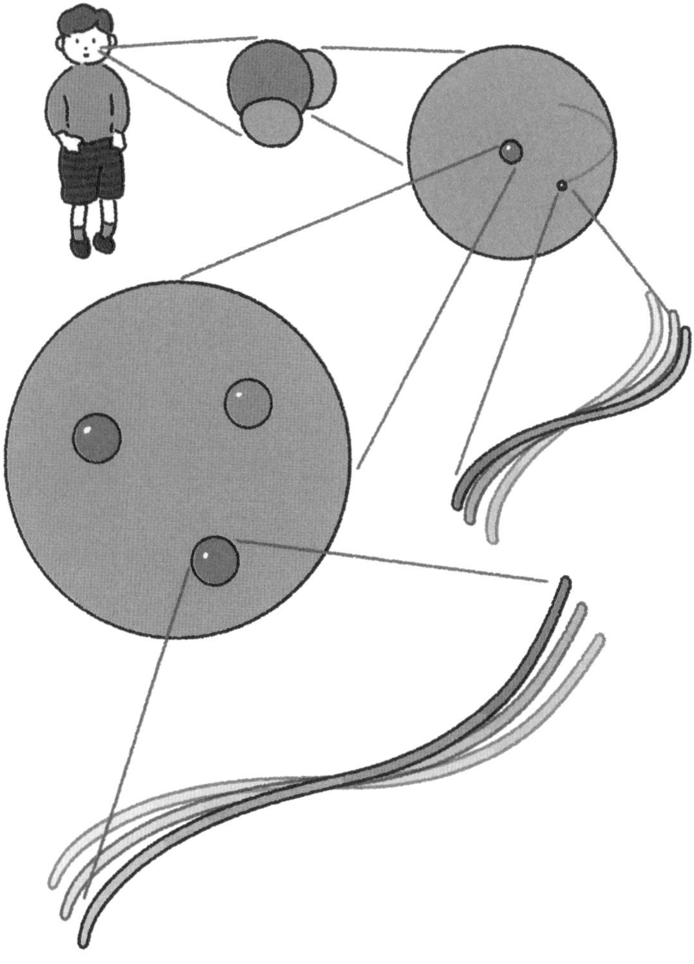

とうじょうじんぶつ

松尾 泰 先生

東京大学で物理学を
教えている先生

理系アレルギーの
文系サラリーマン（27歳）

1

時間目

ニュートンが発見した
万有引力の法則

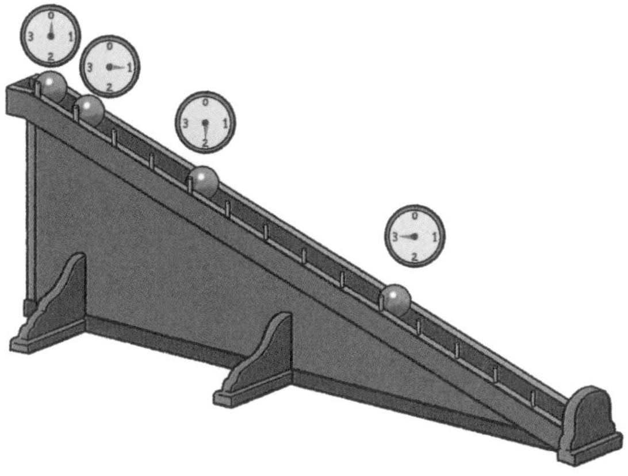

STEP 1

すべての物体は引き合っている！

物を落下させるだけではなく，新たな星や銀河を生み，宇宙全体に大規模な構造をつくる力をもつ「重力」。まずはその基本と，「万有引力の法則」について見ていきましょう。

多くの科学者を悩ませる重力の正体

先生！　昨日，スマートフォンを地面に落として，画面を割ってしまいました……。
めちゃくちゃショックです。

おや，それは災難でしたね。

手からツルっとすべってしまったんです。
くっそー！　この世に重力さえなければ，スマホが割れることはなかったのに！

あはは，無重力空間にいれば，スマートフォンを手ばなしても，下に落ちることはなかったでしょうね。

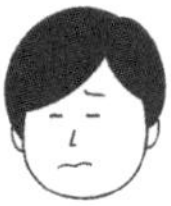

そういえば，最近，私の顔の皮膚も重力に負けて，たるんできました。
いったいなぜ地球上の物は，重力によって，下に落ちるのでしょうか？
てか，そもそも重力って何なんですか？

重力は，私たちにとってとても身近なものではありますが，いざ「重力の正体とは何か」ということを考えだすと，答えるのはむずかしいですよね。
実は，**ガリレオ・ガリレイ**や**ヨハネス・ケプラー**，**アイザック・ニュートン**，そして**アルバート・アインシュタイン**といった偉大な科学者たちも，重力の正体とは何か，という謎に挑んできたんですよ。

重力とは何かという謎は，有名な科学者たちを悩ませるほどの大きなテーマだったのですね。

そうです。
最初に重力の法則を体系づけたのは**ニュートン**です。
ニュートンは，ガリレオが行った落下実験などをもとに，地上の物体の落下運動と天体の運行とを統一した**万有引力の法則**をつくりあげました。

万有引力の法則，聞いたことがあります！

さらに，20世紀最高の科学者ともいわれるアインシュタインは，万有引力の法則を拡張し，**一般相対性理論**を提唱しました。
一般相対性理論はさまざまな観測結果と合致し，重力の本質にせまります。

その一般相対性理論というものによって，重力の正体は明らかになった，ということでしょうか？

いいえ，そうとはいえません。
実は現在でも重力とは何なのか，まだまだ多くの謎が残されているんです。その正体を追えば追うほど，その謎は深まっていくといっても過言ではありません。

えぇー，まだ重力の正体ってわかっていないんですか？

そうなんです。
この謎を解くために，現在では一般相対性理論を超える理論として，**超ひも理論**などが考えだされていますが，完成していません。

未完成なんですね。

ええ。
重力は，身近な力ではありますが，謎に包まれた存在です。
一方で，重力は新たな星や銀河を生み，宇宙全体に大規模な構造をつくりだすようなとても大きなはたらきをもっています。
身のまわりから宇宙の果てまで，この世界は重力によって支配されているのです。

この世は重力に支配されている!?
そんなふうにいわれると，重力について，もっと知りたくなってきました。
先生，もっとくわしく教えてください！

いいでしょう。身近だけど，考えだすとよくわからない，そんな**重力の世界**を見ていきましょう！

重い球と軽い球，どちらが先に落下する？

まずは，ニュートンが発見した**万有引力の法則**にいたるまで，重力の正体にせまる挑戦の歴史を見ていきましょう。

「なぜ物は下に落ちるのか」これは誰もが一度はいだいたことのある疑問だと思います。この問いに対し，古代ギリシアの哲学者**アリストテレス**（前384～前322）は次のように考えました。

「すべての物は，“本来あるべき場所”にもどろうとする。重い物の本来あるべき場所は，宇宙の中心であり，それはすなわち地球の中心である。**重い物ほどそこへ向かう性質が強いので，より速く下に落ちる。**」

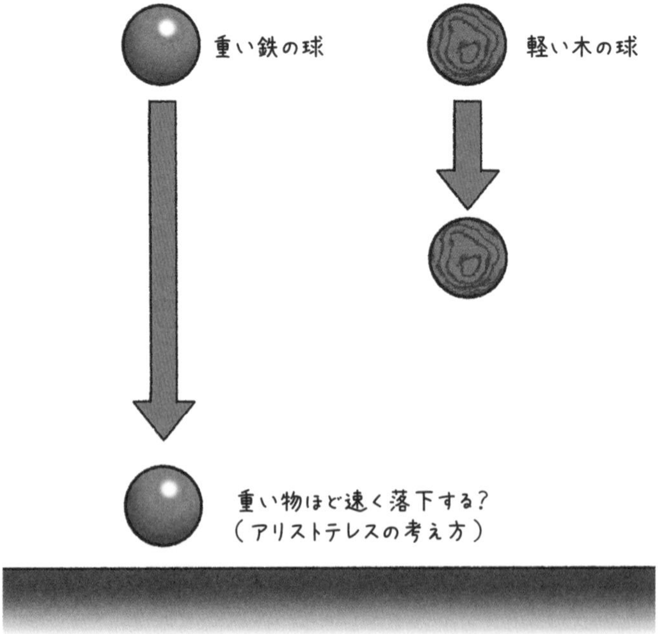

紀元前の時代から，重力の正体に思いをはせる人物がいたんですね。
アリストテレスさんは，重い物ほど，もとにもどろうとする性質が強いと考えたわけか……。

アリストテレス
（前384～前322）

たとえば重い鉄は，軽い羽毛より明らかに速く落下するので，この考えは妥当に思えるかもしれません。
実際，アリストテレスの落下の法則は，実に**17世紀**まで信じられていました。

ずいぶん長いこと信じられていたんですね。

ええ。
しかし，イタリアの科学者**ガリレオ・ガリレイ**（1564～1642）がアリストテレスの考えに異をとなえます。
ガリレオは次のような思考実験を行ったのです。

ガリレオの思考実験

重い球と軽い球をひもで結び，落下させる。重い球が速く落ちるなら，ひもでつながった軽い球がブレーキをかけるので，重い球だけのときより遅く落ちるのでは？

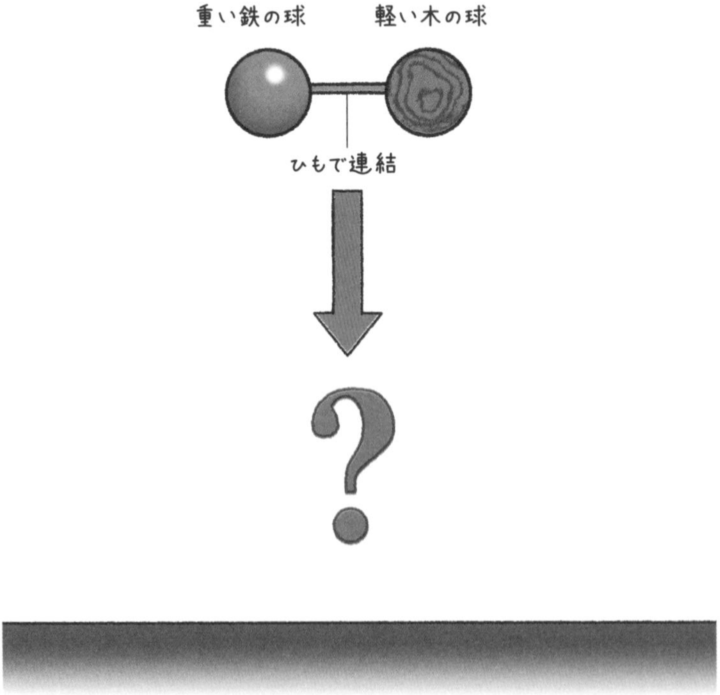

たしかに，重い球だけのときよりも，軽い球をつなげたときのほうが，落ちるのが遅くなりそうです。

でも，二つの球の合計の重さはむしろ増えていますよね。ですから，重い球だけのときより速く落ちる，とも考えられませんか？

た，たしかに……。

このように，同じ現象が，見方をかえるとちがう結果になるのは矛盾しています。**このことからガリレオは，最初の仮定「重い物ほど速く落ちる」ということが誤りだと結論づけたのです。**

えっ！
いやいや，重い物のほうが速く落るはずですよ！

そう思いますよね。
しかしガリレオは「重い物も軽い物も，本来は同じ速さで落下する。羽毛がゆっくり落ちるのは，羽毛が空気抵抗を強く受けるからだ。もし真空をつくれたら鉄も羽毛も同じように落下するはずだ」と考えました。

空気抵抗ですか。
このガリレオの考え方は正しかったのでしょうか？

はい，正しかったのです。
この考えはのちに**真空ポンプ**の開発により，実証されました。
真空中では，重い物も軽い物も同じように落下したのです。

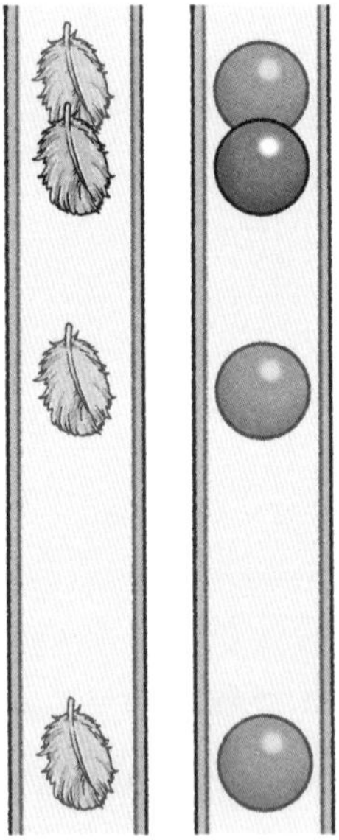

真空中では，鉄も羽毛も
同じように落下する

アリストテレスさんの考え方は，ガリレオによって否定されてしまったのですね。

球の落下速度はどんどん大きくなる

球の落下運動について，アリストテレスの考えに矛盾を見つけたガリレオは，実際に物体が落下する様子を調べようと考えました。しかし，物体をそのまま落下させたのでは，速すぎて直接測定するのは困難です。

じゃあ，どうすればいいんでしょうか？

そこでガリレオは，まず**斜面を転がる球**で落下運動を研究しました。斜面の角度を大きくしていき，最終的に斜面が垂直になれば，それが落下運動になるというわけです。

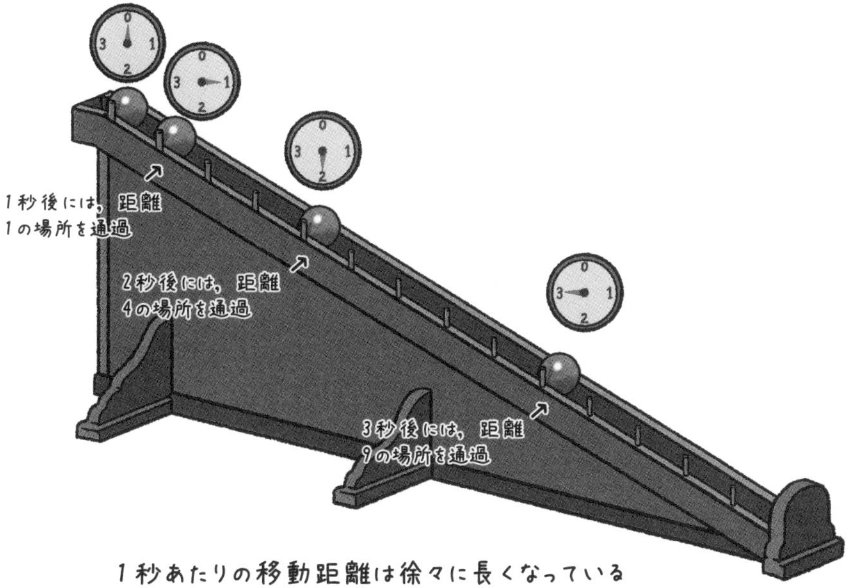

1秒あたりの移動距離は徐々に長くなっている
=加速している！

なるほど！

ガリレオは，一定時間ごとに球が通過する地点を調べました。
そして**「球の移動距離は，経過時間の２乗に比例する」という結論に達しました。**
これを**落体の法則**といいます。

ど，どういうことですか？

たとえば１秒後に到達する距離を１とすると，２秒後には距離４（$=2^2$），３秒後には距離９（$=3^2$）の地点を通過します。

時間がたつにつれて，移動距離がどんどん長くなっていくんですね。

そうなんです。これは，斜面の角度が大きくても小さくても変わりませんでした。
つまり，斜面の角度を90度にして落下運動にしたときでも，そのままあてはまるというわけです。

垂直に落下する運動でも，時間とともに移動距離が長くなるわけですね。

そうです。これは時間がたつほど速度が増加していることを意味しています。
つまり，重力は物体を加速させるわけです。

この落体の法則は，1638年に出版されたガリレオの著書『新科学対話』にて発表されています。

ガリレオの結論

- 自由落下の速さは物体の質量によらない。
- 落下する物体の移動距離は経過時間の２乗に比例する！

＝落体の法則

すべての物体は「万有引力」で引き合っている

ガリレオは，物体がどのように落ちるのかは解明できましたが，物体がなぜ落ちるのかということまでは解明できませんでした。
この問いに対して思案を巡らせたのが，ガリレオが亡くなった年に生まれた**アイザック・ニュートン**（1642～1727）です。

出ましたね，ニュートン！

ニュートンは1666年ごろのある日，リンゴが木から落ちるのを見て，**万有引力の法則**を思いついたといいます。リンゴが木から落ちるのも，月が地球の周囲をまわるのも，同じ**万有引力**が原因だと見抜いたのです。

アイザック・ニュートン
（1642～1727）

ばんゆういんりょく？

いったい何なんですか？

万有引力とは，文字通り「万物（あらゆる物体）が有する引き合う力」を意味します。
たとえば，テーブルの上にはなして置いた二つのリンゴも，万有引力によって引き合っていることになります。

テーブルの上のリンゴにも引力がはたらく

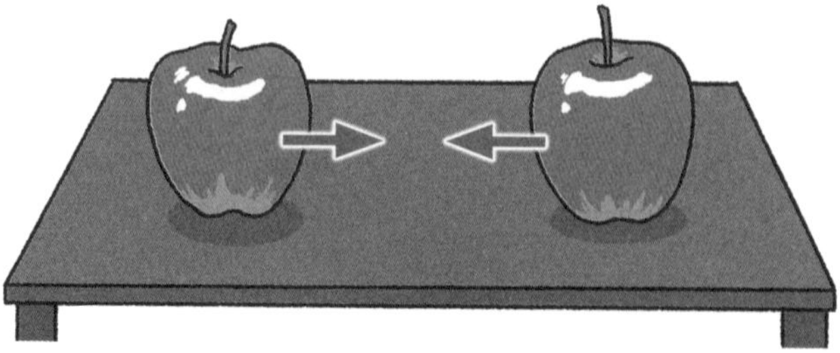

いやいや，とても机の上のリンゴが引き合っているようには思えないのですが。

それは，リンゴ程度の質量の物体にはたらく万有引力はあまりに小さく，テーブルとの間の摩擦力によって打ち消されてしまっているためです。
このように，身のまわりの物体どうしの万有引力の効果は，ほとんど見ることができません。
万有引力は，物体の質量が大きくて，距離が近いほど大きくなるという性質があるんです。

地球規模の物体でないと，万有引力を実感するのはむずかしいということでしょうか？

そうです。
でも，無重力，真空状態の宇宙空間に行けば，それほど質量の大きい物質でなくても万有引力の効果を実感できるはずですよ。
宇宙では，はなして置いた二つの物体は，万有引力によって引き合い，接近し，そしていずれくっつきます。

うーん，宇宙はちょっと遠いですね。

ちなみに，もっていたリンゴが地面へと落ちるとき，地球が一方的にリンゴを引っ張っているのではなく，リンゴも地球を引っ張っているんですよ。

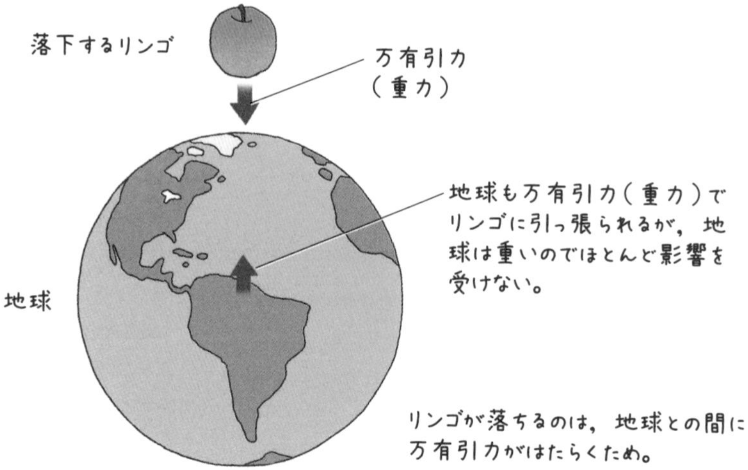

えっ，リンゴが地球を引っ張る!?
ということは地球も少しリンゴに向かって“落下する”ということなんでしょうか？

はい，そうなんです。
でも，地球の質量に対して，リンゴの質量はとても小さいため，地球が移動するのはごくごくごく小さい距離でとても感知することはできません。

ものすごく不思議な感じがします。

この万有引力の法則が見つかる前には，月や太陽，惑星などが存在する天上の世界と地上の世界とは，**まったく別の世界**だと考えられ，支配している物理法則もことなると考えられていました。

しかしニュートンはその常識をくつがえし，リンゴが地上に落下するのも，月が地球のまわりを回転するのも，ともに同じ物理法則（万有引力の法則）にしたがっていることを見抜いたのです。
つまり，天上の世界と地上の世界の物理学を統一したのです。

ニュートンさんすごい！

ニュートンの万有引力の法則とは？

ここで，万有引力の大きさをあらわす数式を紹介しましょう。

ポイント！

万有引力の法則

$$\text{万有引力（重力）} = G\frac{Mm}{r^2}$$

G＝万有引力定数
M＝一つ目の物体の質量
m＝もう一つの物体の質量
r＝二つの物体間の距離

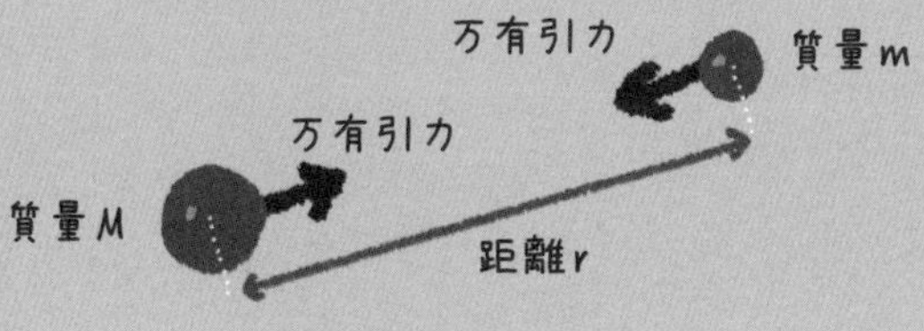

どっひゃー，数式はムリ～！

それほどむずかしい数式ではありませんから，がんばってください。

まず，この数式の分子に二つの物体の質量のかけ算があらわれていますね（Mm）。

これは，二つの物体にはたらく万有引力は，それぞれの質量に比例することを意味しています。

二つの物体の質量が大きければ大きいほど，万有引力も大きくなる，ということですか？

その通りです。

次に分母に距離の２乗があらわれています（r^2）。

これは，距離が2倍はなれると万有引力は4分の1（2^2分の1）になり，距離が3倍はなれると万有引力は9分1（3^2分の1）になることを意味します。

つまり万有引力は，「距離の2乗に反比例して弱くなる」わけです。これを逆２乗則といいます。

まとめると，万有引力はそれぞれの質量に比例し，距離の2乗に反比例するわけです。

距離が遠くなれば遠くなるほど，万有引力は急激に小さくなっていくわけですね。

はい，その通りです。

万有引力の大きさは，力線を使うことで視覚的に表現することができます。

次のイラストは，地球の中心から等間隔に出る無数の力線で万有引力を表現したものです。
力線の密度が高い（一定面積をつらぬく力線の本数が多い）場所ほど，万有引力が強くなることを意味しています。

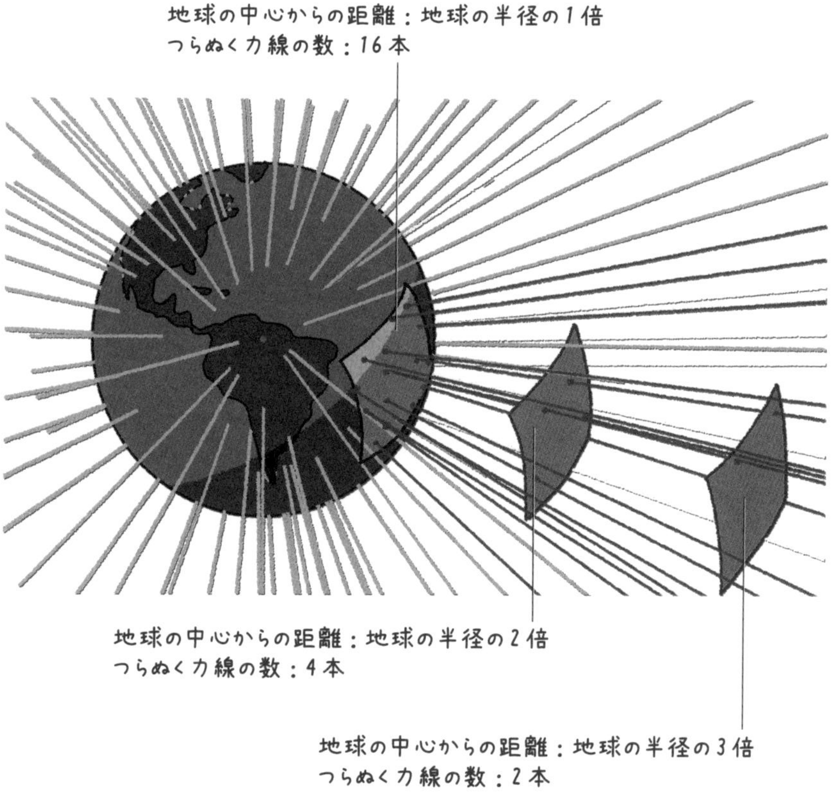

地球に近い場所ほど，力線は密ですね。

そうです。地球からの距離が近いほど，万有引力が大きいわけです。
イラストでは，同じ面積の四角形を，地球の中心からの距離が，地球の半径の1倍（地球表面），2倍，3倍となるような場所に置きました。
その四角形をつらぬく力線の数に注目してください。地球から遠ざかるほど線と線の間隔がはなれていくので，四角形をつらぬく線の数が減っていくのがわかるでしょう。

地球の表面にはりついたところは力線が16本ですが，2倍のところは4本，3倍のところは2本ですね。

そうですね。
距離が2倍はなれると万有引力（力線の密度）は4分の1（2^2分の1）になり，距離が3倍はなれると万有引力（力線の密度）は9分の1（3^2分の1）と，**逆2乗則が成り立っている**ことがわかります。

たしかに，力線で考えるとイメージしやすいですね。

ポイント!

万有引力の法則

質量をもつ二つの物体の間には，その質量に比例して，物体間の距離の2乗に反比例する引力がはたらく。

万有引力の大きさを測ってみた

物と物の間にはたらく微小な万有引力を，はじめて正確に測定したのは，イギリスの物理学者で化学者でもあった**ヘンリー・キャベンディッシュ**（1731～1810）です。

微小な万有引力を！
キャベンディッシュさんはどうやって万有引力を測定したのですか？

キャベンディッシュは，**ねじり秤**とよばれる装置を使って，大小の鉛玉の間にはたらく微小な万有引力を測定したのです。
その結果，万有引力は，たしかにあらゆる物の間にはたらいていることが確認されました。

ねじり秤？

ねじり秤は，次のイラストのように，2個の大きい鉛玉と，2個の小さい鉛玉からなる装置です。大きい鉛玉は床に固定されていて，小さい鉛玉は天井からつり下げられた天秤に取りつけられています。

ふむふむ。

大きい鉛玉と小さい鉛玉が万有引力で引き合うと，大きい鉛玉は固定されているので，小さい鉛玉が大きい鉛球へと近づいていきます。すると，天井から天秤をつり下げているワイヤーがねじれて，やがて停止します。
このとき，ねじれたワイヤーがもとにもどろうとする力の大きさが，万有引力の大きさに等しいことになるのです。

ねじり秤

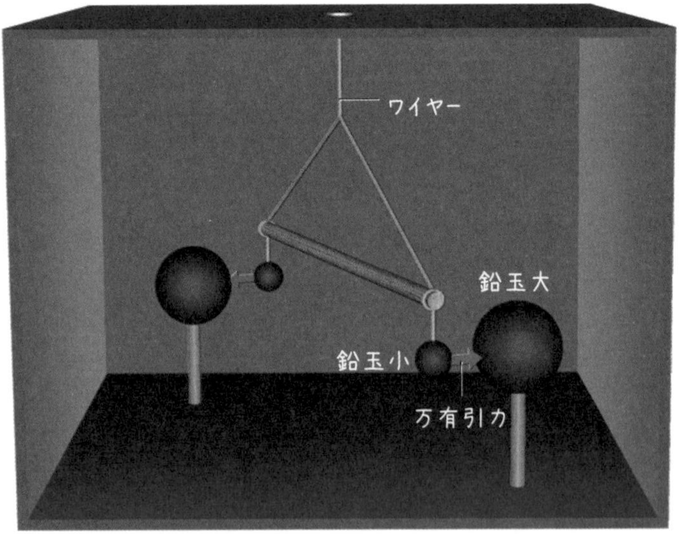

地上の2物体にはたらく微小な万有引力を，はじめて正確に測定した装置。

へぇ，こんなシンプルな装置で万有引力を測定することができるんですね。

ええ。
このようなキャベンディッシュの実験によって，**万有引力定数**を決めることができました。
これにより毎回測定をしなくても，「万有引力の法則」の式を使って，物体の質量と物体間の距離の値から，万有引力の大きさを求めることができようになったのです。

ばんゆういんりょくていすう？

万有引力定数とは，物体どうしが引き合う力を計算する際に使う定数です。
先ほど紹介した万有引力の式の**G**のことです。この値は変化しない定数なので，**G**の値がわかっていれば，物体の距離と質量から万有引力の大きさを正確に計算することができるのです。

万有引力の法則

$$\text{万有引力（重力）} = G\frac{Mm}{r^2}$$

G＝万有引力定数
M＝一つ目の物体の質量
m＝もう一つの物体の質量
r＝二つの物体間の距離

なるほど。キャベンディッシュさんすごいな！
それで，万有引力の大きさは，具体的にどれくらいなんですか？
私と先生も万有引力で引き合っているわけですよね？

ははは，そうですね。
次のイラストのように，宇宙空間に二つの**1キログラム**の球AとBを，中心と中心を1メートルはなして置いた場合を考えてみましょう。

一般的に力の大きさは，**N（ニュートン）**という単位を使ってあらわします。1Nの力は，質量1キログラムの物を1秒間に秒速1メートルずつ速くする（加速させる）力です。万有引力の大きさも，Nを使ってあらわします。万有引力の法則の式で計算すると，1メートルはなれた1キログラムのAとBにはたらく万有引力の大きさは，**6.67384×10^{-11}N**です。

う〜ん，むずかしい！

簡単にいえば，1秒間に秒速6.67384×10^{-11}メートルずつ加速させる力ということです。

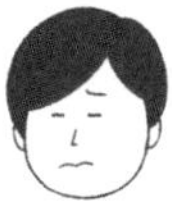

いや，ぜんぜん簡単になってないですが……。
ともかく，二つの球は，少しずつ加速して近づいていくわけですね。

そうです。**さらに二つの物体の間にはたらく万有引力は，その距離が近づくほど大きくなります。**したがって，AとBの距離が近づくにつれて，万有引力は徐々に大きくなり，加速度も上昇します。
そして宇宙空間に1メートルはなして置いた1キログラムの球は，**約26.7時間後**に**衝突**します。

衝突は，26.7時間後かぁ。
地上では，1キログラムの球を二つ並べてもうんともすんともしませんが，無重力で空気抵抗がない宇宙なら，じわぁーっと近づいて，やがて衝突するんですね。

はい。
ちなみに，AとBの質量は1キログラムのままで，距離を**2メートル**にした場合は，**約75.5時間後**に衝突します。

万有引力は，とても遠くまではたらく?

先生，万有引力って，どれくらい遠くまで届くんでしょうか？　うんとはなれてしまっても，万有引力は届くんでしょうか？

たとえば，太陽と地球の距離は，**約1億5000万キロメートル**もあります。この距離を**1天文単位(1au)**といいます。
地球をはじめ，地球以外の惑星も小天体も，すべて太陽と万有引力で引き合っています。

ほぉ，とんでもない距離ですね。

さらに，太陽系の最も外側は，太陽からおよそ10兆キロメートルもの遠方にあると推測されている**オールトの雲**とよばれる領域です。およそ10万auの距離です。
そこにある氷と岩石からなる小天体群もやはり，太陽と万有引力で引き合っていると考えられています。

太陽の万有引力が10兆キロメートルはなれたところにもおよぶんですか!?

それどころか，**万有引力は10兆キロメートルよりもさらに遠くまではたらきますよ。**
天の川銀河の中心にあると考えられているブラックホールと太陽は，万有引力で引き合っています。

天の川銀河の中心から太陽までの距離は，**約2万8000光年**（1光年は約9兆4600億キロメートル）あるんですよ！

ひぇ〜！

さらに天の川銀河は，約230万光年はなれたアンドロメダ銀河と万有引力で引き合っており，40億年ほど後には衝突すると考えられています。
このように万有引力は，どこまでも果てしなく届くのです。

天の川，いつかは別の銀河と衝突しちゃうんですね。
それにしても，なぜ万有引力は，こんなに遠くにまで届くんですか？

結論からいうと，「万有引力には打ち消す力がない」からです。

打ち消す力？

はい。万有引力のほかにも，物理学的な力には磁力や静電気力などがあり，磁力や静電気力にも引力があります。磁力をおびた物はN極とS極で引き合い，プラスの電荷をおびた物はマイナスの電荷をおびた物と引き合うのです。
しかし，これらの引力が，万有引力ほど遠くに届くことはありません。その理由は，磁力や静電気力には，引力だけではなく，引力とは逆の**斥力（反発する力）**もあるからです。

せきりょく，ですか。

ええ。宇宙空間には，磁気や電気をおびることのできる物質がいたるところに点在しています。磁力や静電気力の引力も遠くまで届きますが，同時に磁力や静電気力の斥力も遠くまで届きます。**そのため遠方では，引力と斥力が打ち消し合って，力としてはたらきません。**

ほぉ！

一方，物と物の間の万有引力には，**逆万有引力**や**反万有引力**といった斥力がありません。**万有引力が果てしなく遠くまで届くのは，斥力がないため，打ち消し合うことがないからなのです。**

なるほど。だから果てしなく遠くまで届くんですね！

そうなんです。
ただし1998年，宇宙は加速膨張していることが明らかになり，万有引力（重力）を，後ほど紹介する**一般相対性理論**に拡張すると，「反万有引力」ではないものの，きわめて遠方ではそれに似た効果をもつ作用が存在することがわかってきました。
この件については，後ほどお話ししますね。

重力と万有引力は同じもの？

先生，万有引力と重力ってまったく同じものなんですか？
二つのちがいがよくわからないのですが……。

そうですね，万有引力と重力はほぼ同じ意味をもっています。ただし，厳密には区別して使う場合もあります。
私たちを地上に引きつける力を重力とよびますが，この力のすべてを万有引力だけで説明できるわけではないのです。

ん？　地球と私たちは万有引力で引き合っているんじゃないんですか？

実は，地上の物体には，万有引力のほかにも**遠心力**がはたらいています。
地球は**自転**をしています。この回転運動によって，地球の表面にいる私たちは，外側へとほうりだされるような力をわずかに受けているんです。これが遠心力です。

ふむふむ。

地球表面の物体は，遠心力と，地球との間にはたらく万有引力の両方を受けることになります。
このため，「地球上の重力」とは，地球の中心へと向かう万有引力と，地球の外側へと向かう遠心力を合わせた力のことを意味するのです。

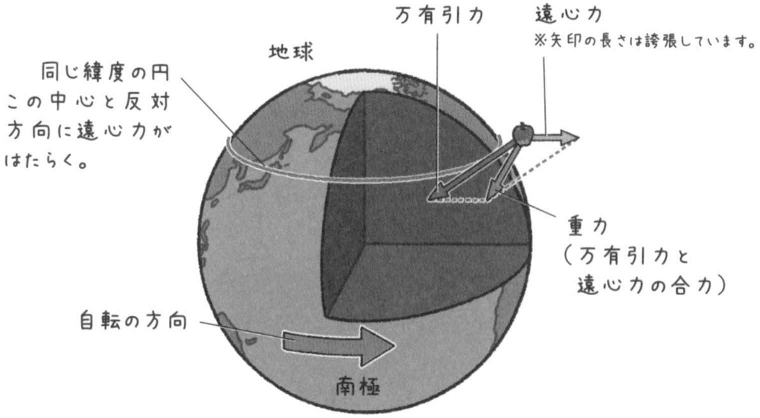

そういうことか！

物体は，万有引力と遠心力を合わせた重力の方向に力を受けます。
そのため，赤道と両極以外では，物体は地球の中心からわずかにずれた方向に落ちていくのです。

中心からずれているなんて，少し意外ですね。

ちなみに，「天体どうしの間にはたらく重力」のように，天体の自転運動を考慮に入れなくてよい場合には，重力という言葉を万有引力と同じ意味で使っています。

なるほど。
自転を考慮しない場合は「重力＝万有引力」なのか！

また，万有引力という言葉がニュートン力学の文脈で使われるのに対し，重力という言葉は，ニュートン力学だけでなく，一般相対性理論（現代の重力理論）などでも広く使われます。

地球上の重力の大きさは場所によってちがう

重力と万有引力の関係はわかったのですが，重力の大きさって，地球上のどこにいっても同じなんですよね？

いいえ，いくつかの要因によって，重力の大きさは場所によってちがうんですよ。

えーっ!?
場所によってちがうんですか？

はい。まずは一つ目の要因として**遠心力の大きさ**があげられます。
ここで北極と赤道で遠心力の大きさを考えてみましょう。私たちが立つ地面は地球の自転によって回転運動しており，その速度は**赤道**でいちばん速くなっています。**したがって，自転がもたらす遠心力がいちばん大きいのは赤道です。**
赤道での遠心力は，万有引力のおよそ**300分の1**にもなります。
一方，北極や南極では遠心力がほとんどはたらいていません。

緯度によって，遠心力の大きさは変わるんですね。

その通りです。
遠心力と万有引力を合わせた力が地球表面での重力なので，その大きさは遠心力の小さい極で最大となり，赤道では最小になるわけです。

重力は，極で最大，赤道で最小になる，と。

赤道と極での重力の格差は，もう一つの要因によってもさらに拡大されます。それは，**地球全体の形**がもたらす影響です。

地球全体の形!?
きれいな球ですよね？

いいえ，実は地球は，きれいな球ではなく，自転運動によって赤道方向がふくらんでいます。
そのため，地球の中心から地表までの距離は，赤道で約6378キロメートル，極では約6357キロメートルであり，その差は**約21キロメートル**にもなります。
万有引力の大きさは，地球の中心（重心）からはなれるほど小さくなるので，赤道での万有引力の大きさも極にくらべて小さくなります。
この二つの効果を足しあわせると，極にくらべて赤道では0.5％ほど重力が小さくなるのです。

なんだ，たった0.5％程度か。

0.5％というと，取るに足らない差であるように感じるかもしれませんが，物体の重さを精密に知りたければこの差は無視できないものなんです。

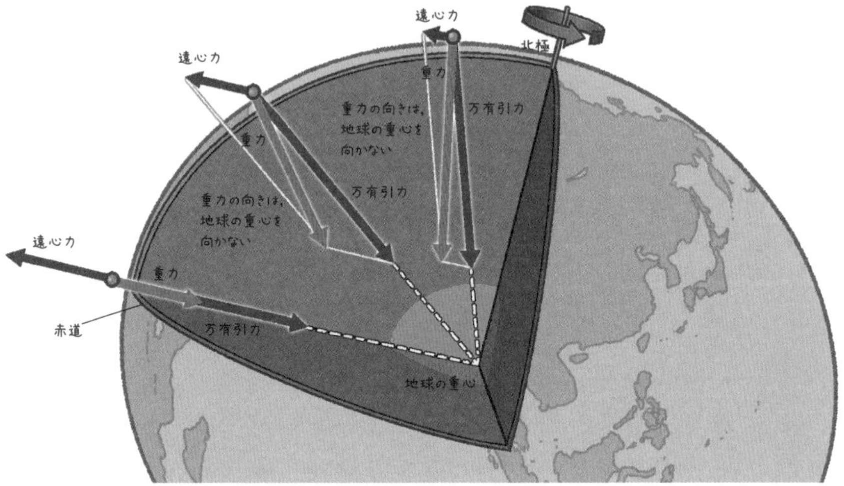

たとえば200キログラムの重量なら，はかる場所によって1キログラムもずれが生じてしまいます。精密なはかりには，緯度による重力のずれを補正する表がついているんですよ。

なお，重力の大きさは**緯度**だけでなく**標高**によっても変化します。

はかる場所によって質量が変わるんですね……！
それはあなどれないなぁ。

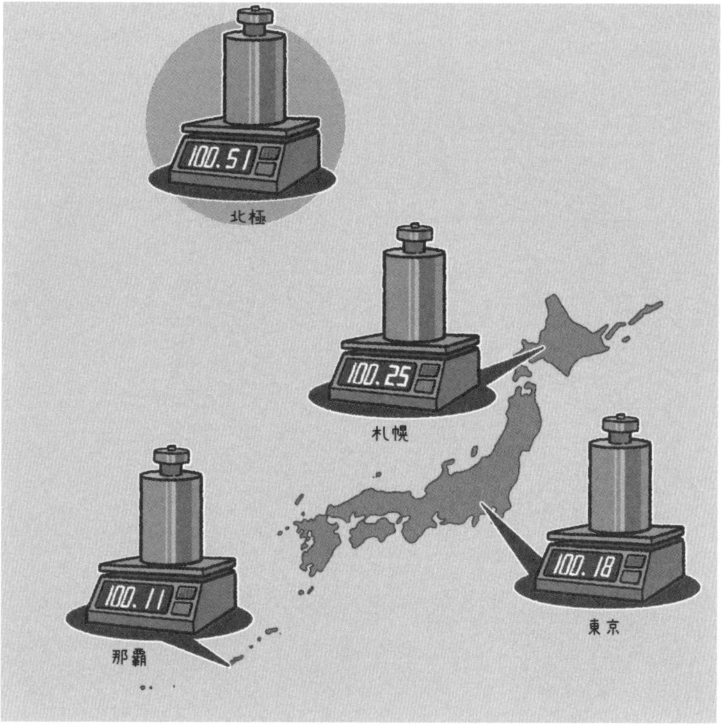

さて，地球の重力を変化させる要因は緯度や標高のほかにもまだありますよ。
次のページの図を見てください。摩訶不思議な地球儀ですね。これは，地球上の重力の強さを可視化したものです。

すごくでこぼこしていますね。

盛り上がっているところは重力が強く，へこんでいるところは重力が弱いことを示しています。
地球の重力は地下構造などのさまざまな要因によっても変化するのです。

地球の重力異常の測定結果をもとにしてえがいた図

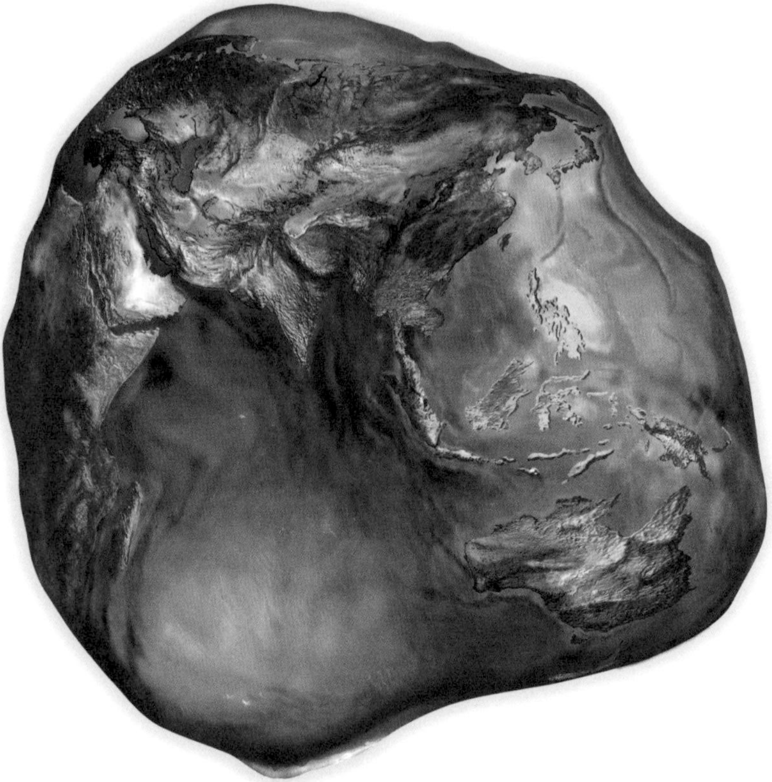

地下構造？

そもそも地球は，さまざまな物質の寄せ集めでできています。その中には，比重が大きい物質もあれば，比重が小さい物質もあります。もし，地下に比重の大きい物質が多く集まっている鉄鉱脈のような領域があれば，地上の重力はわずかに大きくなります。

その反対に，地下に比重の小さい物質が集まっていたり，空洞があったりすれば，地上の重力は小さくなるのです。こうした地下構造のちがいがもたらす重力の変化は，**重力異常**とよばれています。

そっか，地下にある物質や構造によっても重力の大きさは影響を受けるんですね。

そうです。
この重力異常を精密に測定することで，地下にかくされた物質分布についての情報を得ることができます。
これを利用すれば，地下水や石油をはじめとする地下資源のありかや，その量を知ることもできるんです。
また，重力異常の測定は，いわば**地球の健康状態**を知ることにもつながります。**たとえば，極地方の氷の量を重力の値から求めることで，地球温暖化の進行具合を推定することができるのです。**

そんなことまでできるんですね。すごい！

実際に，地球規模の広い領域において地球の重力異常分布を網羅的に調べるため，21世紀に入り，重力観測衛星をもちいた観測が行われました。2000年に「CHAMP」，2002年に「GRACE」，2009年に「GOCE」といった重力観測衛星が打ち上げられ，ミッションを行ったんですよ！

STEP 2 万有引力の法則があばいた星々の世界

「万有引力」は，天体にもはたらいています。ここでは，力とは何か，そして実際どのように天体に万有引力が作用しているのか，具体例とともに見ていきましょう。

そもそも「力」って何？

ここまで「重力」，「万有引力」，「遠心力」などいろんな力が多く出てきましたけど，そもそも**力**って，いったい何なのですか？

よい質問ですね。ここで**力**や**質量**といった，物理学の基本について，少しお話ししましょう。
かつてアリストテレスは，力を**速度の源**と考えました。「速く運動している物体ほど，大きな力がはたらいている」と考えたわけです。
しかしこの考えはガリレオに否定されることになります。ガリレオは「動いている物体は，ほかから力を受けなければ，同じ速さでまっすぐに進みつづける」という法則を見つけたのです。これを**慣性の法則**といいます。

慣性の法則！
理科で習った覚えがあります。

ポイント！

慣性の法則

力が加わらなければ，物体はまっすぐ同じ速度で進みつづける。

慣性の法則を逆に考えると，速度（速さと進む向き）が変わったなら，その物体には力がはたらいたことになります。
つまり物理学でいう力とは，「物体の速度（速さと向き）を変えるもの」です。すなわち「加速度を生じさせるもの」のことをいうのです。

力って，物体の速度を変えるものなんだ！

ポイント！

力

物体の速度を変化させるもの。

はい。先ほどお話しした落下運動のように，速さが変化する場合は，力がはたらいたことを意味します。また，速さが変わらなくても進む向きが変わったら，同じく力がはたらいたことを意味するのです。

たとえば，ビリヤードの球が壁に当たってはね返るときは，球が壁から力を受けているわけです。
また地球は，太陽のまわりを円運動（公転）しています。円運動では常に進む向きが変わっていくので，地球も力を受けていることになるんですよ。

なるほど～。
速さや進む向きが変わるときには，何かしらの力がはたらいているんですね。

そうです。
この力は「物体の質量」とも密接に関係しています。たとえば，ボウリングで15ポンド（約6.8キログラム）の球を投げる場合と，10ポンド（約4.5キログラム）の球を投げる場合を考えてみましょう。
質量の大きい，つまり重い球のほうが，投げるのに大きな力が必要であることは，ボウリングの経験があれば容易に想像できますね。

たしかに重い物を動かすときほど，力は必要ですよね。

そうなんです。
自転車をこぐときも，重い荷物をかごにのせているとなかなか加速できないですよね。
つまり，**加速するには，質量の大きな物体ほど，大きな力が必要になるのです。**
力と加速度，質量の関係をまとめると，**力＝質量×加速度**という式であらわされます。これを**運動方程式**とよびます。

ポイント！

運動方程式　$F = ma$

F：力 [N]，m：質量 [kg]，a：加速度 [m/s^2]

質量と加速度は反比例する。
力と加速度は比例する。

うっ。また数式が出た……。
この式の内容を，もう少しわかりやすくお願いします……。

運動方程式は，「どんな重さの物体に，どれだけの力が加われば，どんなふうに加速するのかを教えてくれる式」です。**つまりこの式に，物体の質量と，加わっている力の大きさを入れれば，その物体の加速度がわかるんですよ。**
加速度がわかるということは，運動の「未来」が予測できる，ということなんです。

み，未来を予測!?

はい。物体が「どんなふうに加速するのか」がわかれば，物体の速度の変化がわかります。さらに，物体の速度がわかれば，物体の位置の変化が予測できますよね。
つまり，この運動方程式は，物体の未来を予測する式，というわけです。

おぉ～！
運動方程式って，すごいんですね！

「質量」って何？

ここまで「重さ」や「質量」って言葉が出てきましたが，重さと質量って同じですか？

いいえ，**重さと質量は厳密には別物です。**

まず，重さとは，物体にはたらく重力の大きさのことをいいます。

たとえば地球上で**6キログラム重**の重さの物体は，重力が6分の1の月では，**1キログラム重**の重さです。

また**無重力状態**の国際宇宙ステーション（ISS）の中なら，どんな物体も重さは**ゼロ**になります。

重さは，物体にかかる重力の大きさだから，はかる場所によって，変化するわけですね。

そうです。

一方，質量は，「物体の動かしにくさ（加速しにくさ）」をあらわす量です。

ISSの中では重さがなくなる，つまり無重力なので，ピンポン球でも，砲丸でも，手のひらの上にのせるだけなら力は必要ありません。
しかし，無重力状態でも，質量の大きなものは動かしにくく，動かす（加速させる）のにより大きな力を必要とするという点は，地球上と変わらないのです。
このように質量は，場所が変わったからといって変化するわけではありません。その物体自身がもつ量なんですよ。

へぇ〜！
重さは無重力ならゼロになるけど，質量はたとえ無重力空間でも変化しないんですね。
重さと質量，同じ意味だと思って使っていたなぁ。

なお，厳密には質量には**二種類**が存在します。一つは**慣性質量**といいます。これはここで紹介したように，その物体の加速のしづらさを基準にして決められる質量です。**運動方程式**に登場する質量はこちらの質量です。一方，重力の大きさを基準にして決められる質量を**重力質量**といいます。**万有引力の法則**に登場するのはこちらの質量です。
このように，慣性質量と重力質量はもともと由来がことなります。しかし，その値はぴったりと一致しますので，通常区別して考える必要はありません。

地球上の物体は，同じ速度で落下する

さて，ここからは万有引力（重力）についてもう少し深掘りしていきましょう。
STEP1でお話ししたように，空気抵抗が無視できれば，質量の大小に関係なく，すべての物体は同時に地面に落下します。**これは，すべての物体が，重力によって同じように加速されて落下することを意味します。**
重力による加速度のことを**重力加速度**といいます。
厳密には遠心力などの影響で，重力加速度の値は場所によってわずかに差がありますが，実験によると，地球上ではおよそ9.8$\mathrm{m/s^2}$（メートル毎秒毎秒）です。

重力加速度？
全然意味がわかりません！

重力加速度とは，重力によって，その物体の速度が単位時間あたりどれだけ速くなるかを示した量のことをいいます。
つまり地球上の重力加速度が9.8$\mathrm{m/s^2}$ということは，地球上で物を落とすと，「秒速0メートル→秒速9.8メートル→秒速19.6メートル」という具合で，1秒ごとに速さが秒速9.8メートルずつ増えていくというわけです。

なるほど。地球上ではどんな物体も1秒間に秒速9.8メートルずつ加速していくんですね。
ちなみに，太陽系のほかの天体での重力加速度は，どうなるんですか？

天体ごとに，重力の大きさがことなるため，重力加速度の値がことなってきます。
遠心力を考慮しなければ，各天体の赤道表面での重力加速度は，天体の質量に比例し，赤道半径の2乗に反比例します。

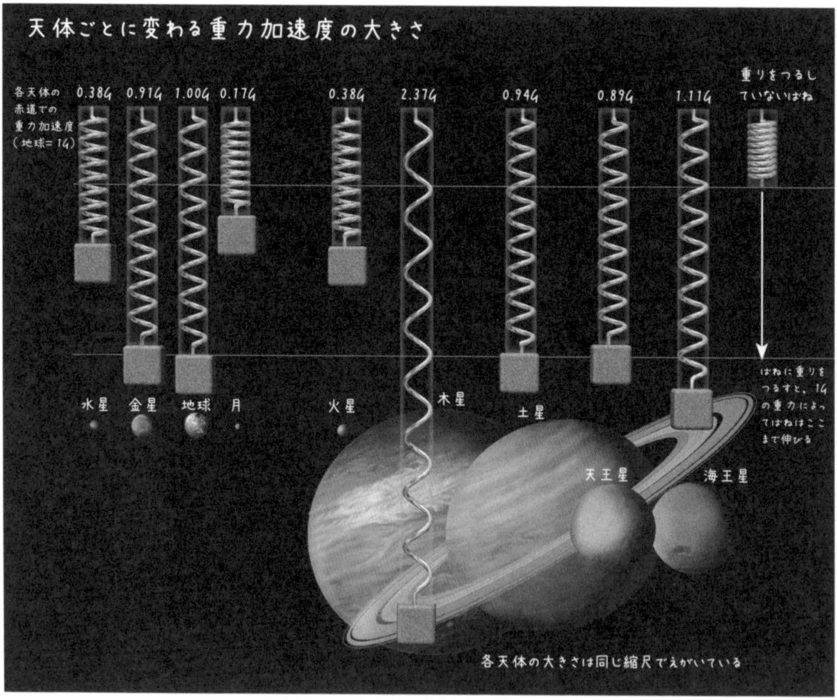

天体によって，全然ちがうんですね！

発展

なぜ重い物も軽い物も同じ加速度で落下する？

地表での重力加速度は約 $9.8\,\mathrm{m/s^2}$ です。物体の質量の大小によらず，物体はこの重力加速度で落下します。質量が大きいほど，大きな万有引力がはたらくため，速く落下しそうですが，なぜそうならないのでしょうか？

その理由は，質量が大きいと，加速しづらくなるからです。数式を使って確かめてみましょう（遠心力の影響は無視します）。

地球（質量：M）と物体（質量：m）にはたらく万有引力の大きさは，$G\frac{Mm}{r^2}$ です。このとき物体の加速度を a とすると，53ページの運動方程式から，$G\frac{Mm}{r^2}=ma$ が成り立ちます。両辺を m で割ると，$G\frac{M}{r^2}=a$ です。ここから，物体の加速度 a は，地球の質量 M と距離（半径）r で決まり，落下する物体の質量 m は関係ないことがわかります。この結果は，慣性質量と重力質量がぴったり一致するためだといえます。

地球以外の天体表面での重力加速度も，遠心力を無視すれば，同じように天体の質量とその半径によって決まります。

月はなぜ地球に落ちてこない?

そういえば，地球と月も，万有引力で引き合っているわけですよね。なぜ月は地球に落ちてこないんですか？

月は誕生から45億年以上，地球のまわりをぐるぐるとまわりつづけています。月は万有引力によって地球に引っ張られているにもかかわらず，なぜ落ちてこないのか，不思議ですよね。

はい，変だと思います！

月が落ちてこない理由は，月が地球に対して秒速1キロメートルもの速度で動いているからなんです。

秒速1キロ!?　はやっ！

月がそんなに超高速でビュンビュン動いてるとは思わなかったです。

ですから，もし万有引力がなかったら，月は慣性の法則にしたがい，まっすぐに飛び去ってしまうでしょうね。

落ちるどころか飛んでいっちゃうと……。

そうです。しかし実際は，万有引力によって月は地球に引っ張られているため，進行方向が曲げられます。

これは，慣性の法則にしたがった経路と比較すると，地球に向かって“落ちている”ともいえますね。

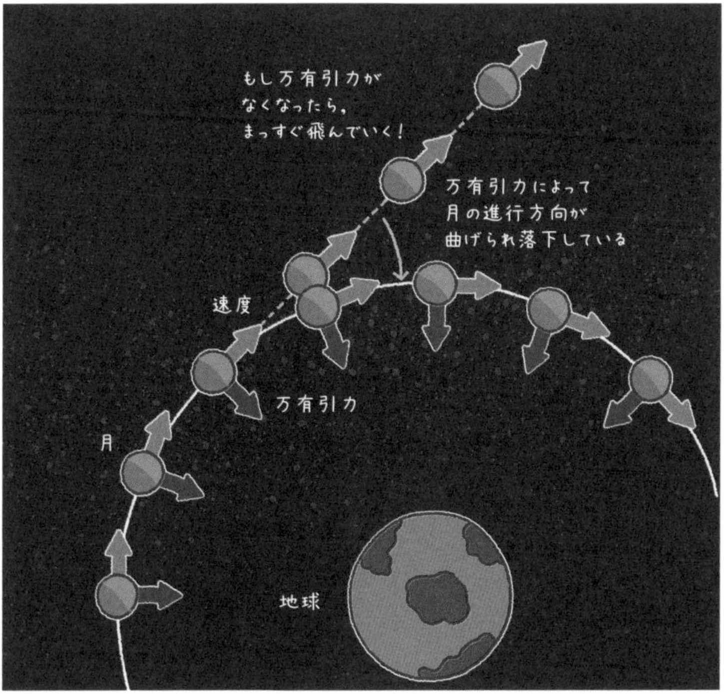

落ちてるけど落ちない！
変な話ですねぇ。

つまり，高速で動く月は，このように地球に落ちつづけながら，地球との距離をほぼ一定に保って**円運動**をつづけているというわけです。

それで月は延々と地球のまわりをまわっているんですねえ。

このようすは，ハンマー投げにも似ています。

あれもぐるんぐるんまわりますよね，選手も砲丸も。

ハンマー投げでは，選手がにぎるワイヤーが砲丸を引っ張っているからこそ，砲丸は選手からはなれることなく，ぐるぐると回転するんです。
万有引力は，高速で動く月を，地球の近くにつなぎとめるワイヤーのはたらきをしているといえますね。

なるほど。
ワイヤーのようなはたらきかぁ！

ちなみに，地球も月に引っ張られています。そのため，地球も月からの力によって“振りまわされて”いるんですよ。

地球が振りまわされている!?

はい。万有引力は，二つの物体の両方にはたらくのでしたね。

月との万有引力により，地球も，地球と月の重心を中心とした小さな**円運動**をしているんです。

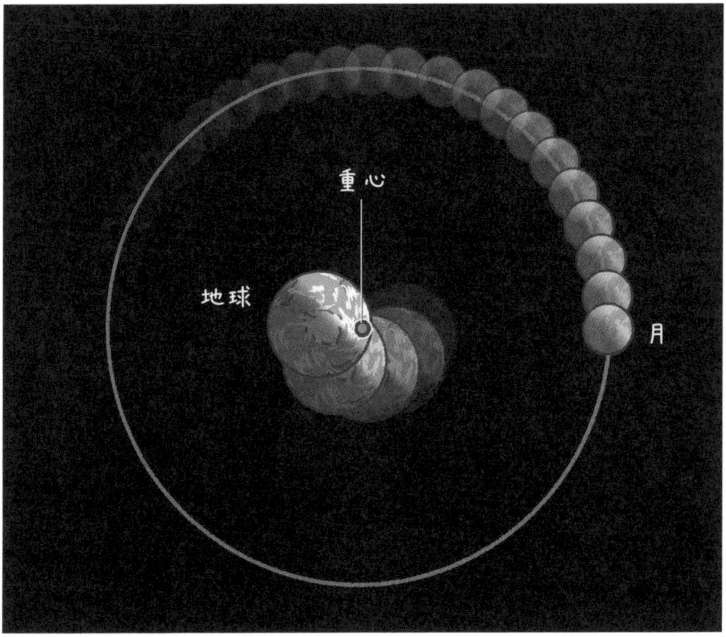

へぇ，地球もちゃんと月の引力を感じているんですね。

ええ。ただし月の質量は地球の**約 81 分の 1** しかないので，地球と月の重心は，地球の内部に入りこんでいます。**地球も月も，この地球内部にある重心を中心にして，まわっているのです。**

なるほど～。
月と地球が切っても切れない関係であることが，よりわかった気がします！

ボールを「人工衛星」にする方法

さて，「月の円運動」に関連して，ボールを投げて，地球をまわる**人工衛星**にする方法を考えてみたいと思います。

ボールを投げて人工衛星に!?
そんなことできるんですか？

ええ。まずは地面と水平に, 普通にボールを投げてみます。すると，ボールは徐々に地面に向かって落下していきますよね。
ここで，もし万有引力，つまり重力がはたらいていなかったらどうなると思いますか？

それは，さっきの月の話と同じで，そのまま遠くに飛んでいっちゃうんじゃないですか？

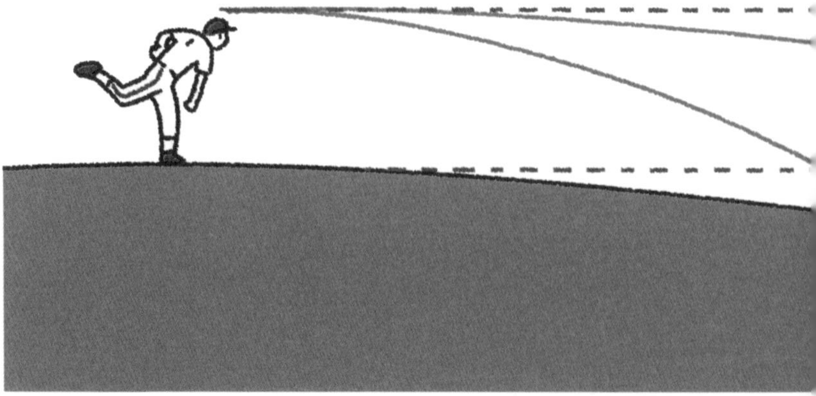

そうですね。慣性の法則にしたがって，ボールは投げられた後，まっすぐ進むはずです。
しかし実際は万有引力の影響で，ボールの軌跡は，まっすぐのラインより下にきます。

当然ですよね。それが何か？

まっすぐ進んだ場合のラインより下にくることを“落下”とよぶことにすると，ボールはずーっと“落下”しつづけていることになりますよね。

それは月が落ちつづけているのと同じ……？

そうです。
つまり，ボールは投げた瞬間から“落下”をはじめるわけです。ボールの放物運動の場合，ボールは落下によって，その軌跡が地面と交わるため，ボールは地面に落ちてしまいます。
では，ボールの投げる速さをどんどん上げていったらどうでしょう？

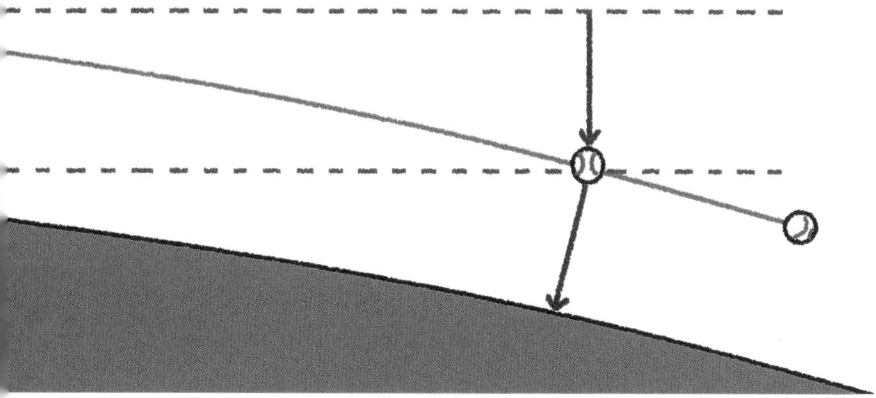

どんどん遠投できるんじゃないですか？

おーっ，さえてますね。
ボールの落下地点は，どんどん遠ざかっていくことになります。ここで，地球は球であることを考えてみましょう。地面は完全に平坦ではなく，曲がっています。ボールの速さが大きくなって，遠くまで飛ぶようになってくると，この地面の曲がりが無視できなくなってきます。
地球が球であるために，ボールからすると，地面が“下がって”いくことになりますよね。

はい。なんとなくイメージできます。
でも，すさまじい遠投だな……。

まあ，思考実験ですからね。
さて，どんどん速度が上がると，ついにはボールの“落下”の幅と，地面が“下がる”幅が一致してしまいます。すると，ボールと地面の距離が縮まらなくなります。

するとどうなるんですか？

ボールは，地面から一定の距離を保ったまま，地球をまわりつづける，つまり**人工衛星**になるんです！

こうやって人工衛星になるのか！

はい。ただし，これは空気抵抗や地球の凹凸は無視しています。このように，ボールが人工衛星になる速度を**第1宇宙速度**といい，秒速約7.9キロメートルです。

すごい剛速球……。

そして，さらに速度が上がり，秒速約11.2キロメートル以上になれば，地球の重力を振り切って地球をあとにすることができます。この速度を**第2宇宙速度**あるいは**脱出速度**といいます。

まるで宇宙ロケット……。
第2宇宙速度を超えたボールはどんどん宇宙の果てに？

それがそうもいかないのです。
地球から十分遠くはなれても，今度は太陽の重力が支配する世界が広がっています。この太陽の重力をも振り切って，太陽系の外へと飛びだしていくために必要な速度は，**秒速約16.7キロメートル**にもなります。

すごく速くないと太陽系から飛びだせないってわけですね。

そうなんです。このときの速度を**第3宇宙速度**とよびます。

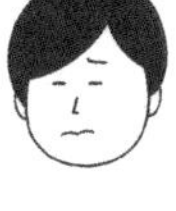

もう想像できない世界だな……。
重力に逆らって地球の外にいくのは，かなりたいへんなんですねぇ。

宇宙ステーションはなぜ無重力状態なのか？

国際宇宙ステーション（ISS）やスペースシャトルの搭乗員がフワフワと浮きながら生活している映像を，テレビなどで見たことはありませんか？
これは**無重力（または無重量）状態**※とよばれています。

無重力！
フワフワ浮いて，気持ちよさそうですよね。
ISSの中では，地球の万有引力が届かなくなるわけですね。

※：ISSなどの環境を「無重力状態」とよぶと「万有引力がおよんでいない」と誤解されるおそれがあるため，「無重量状態」という語もよく使われています。

いえいえ，ちがいます。
実はISSやスペースシャトルの場合，地表からの高度は，数百キロメートルであり，地球の半径約6400キロメートルと比較すると，たいした距離ではありません。
地球から遠くはなれれば，地球からの万有引力は弱くなっていきますが，高度数百キロメートルでは，万有引力の大きさは地上での大きさとあまり変わりがないはずです。

えっ!?
でも，実際にISSの中の映像は，みんなふわふわしていますよ！　ちゃんと無重力になっているはずです！

これを理解するために必要なものが**慣性力**です。車や電車などで，急加速のときに座席に押しつけられるような感覚（進行方向の反対への力）を経験したことがあるでしょう。あれが慣性力によるものです。

あります！
あれ，びっくりしますよね……。

急加速しているバスを例に慣性力について考えてみましょう。
バスが前方に急加速したとき，乗客の体は慣性の法則にしたがいます。つまり，バスは加速するのに，乗客は加速前の遅い速度を保とうとするんですね。
その結果，乗客はバスの動きに“取り残される”ことになります。

取り残される!?

そうです。
バスの中の乗客にとって，乗客はあたかも後ろ向きに力を受けたように感じます。
このような見かけの力が**慣性力の正体**です。

あたかも，なんですね。

はい。ここで重要なのは，バスの外の静止した観測者から見ると，乗客は後ろに引っ張られているわけではなく，単に，加速前の速度を保とうとしているだけ，ということです。
つまり，乗客には実際には力ははたらいていないのです。

急加速中のバスの中

実際にはバスだけが加速してる，ってことですか？

そうです。慣性力は，加速度運動している場所から見た場合にだけ，見かけ上あらわれる力なんです。
そのため，慣性力は**見かけの力**ともよばれます。

なるほど。見かけの力か。

さて，ISSに話をもどしましょう。
実はISSは常に地球の周囲を円運動しています。
月の場合と同じく，地球の中心方向に落下しており，したがって中心方向に加速しています。そのため，ISSの中から見ると，地球と反対方向に慣性力がはたらくわけです。この力を**遠心力**とよぶんです。

遠心力，何度も出てきましたね。
バスの例と同じように，ISSが加速する方向とは逆の方向に，のっている人に慣性力がはたらくわけですね。

その通りです。
ISSの内部では，この遠心力と地球からの万有引力がちょうどつり合っています。そのため，両者の影響が打ち消し合って，**無重力状態**になるのです。

なるほど。
ISSは，地球から遠くはなれて万有引力が0になっているわけではなくて，万有引力と遠心力が打ち消し合っているために，無重力状態になっているんですね！

万有引力の法則で惑星の運動を計算できた！

ここからは太陽系の惑星の運動と万有引力の法則について，お話ししましょう。
ニュートンの活躍以前，デンマークの天文学者ティコ・ブラーエ（1546〜1601）が，惑星の運行に関する膨大な観測記録を残しました。
そして彼の死後，助手だったドイツの天文学者**ヨハネス・ケプラー**（1571〜1630）は，惑星の運動について，**ケプラーの3法則**を発見します。

ケプラーの3法則？

ケプラーの3法則は，天文観測にもとづいた経験則のことです。
具体的には以下になります。

ポイント！

ケプラーの3法則

第1法則……惑星の軌道は楕円である。

第2法則……太陽と惑星を結んだ線が一定時間に通過する面積は等しい（面積速度は一定）。

第3法則……公転の周期の2乗と，軌道の長半径の3乗の比はどの惑星でも同じ。

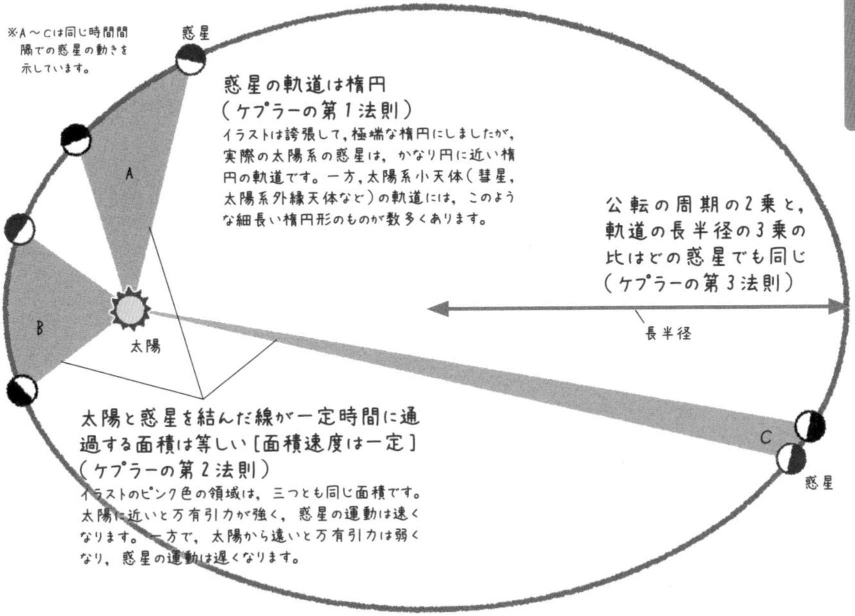

ケプラーは，なぜこのような法則が成り立つのかを研究しましたが，正しい結論には到達できませんでした。

ふ～む，そうなんですね。

一方ニュートンは，前述したように，「万有引力は距離の2乗に反比例する」と考え，みずから打ち立てた力学にもとづいて，惑星の運動について計算してみました。
すると，ケプラーの3法則を見事に理論的にみちびくことに成功したのです。
ニュートン力学と万有引力の法則は，この成果によって，科学界に高く評価されました。

おぉ〜！
ニュートンさん，すごい！

ここでケプラーの第１法則について補足しておきましょう。ここまで，月などを例に万有引力による運動を**円運動**と紹介してきました。
しかし厳密にいえば，万有引力によって完全な円運動をするのは理想的な状況のときだけで，普通は**楕円運動**になります。
そもそも楕円は，円を一方向に引きのばした（または，縮めた）ものです。
円は「ひしゃげてない楕円」であり，楕円の特別なものなのです。

円は特別な楕円！

はい。
前にお話ししたように，地表から水平方向に猛スピードで物体を投げたとき，物体の落下幅と地面の降下幅が一致すると，物体は円運動します。しかし，物体の落下幅と地面の降下幅が一致するには，物体の速度を精密にコントロールしなくてはなりません。
この速度よりも少しでも大きいと，落下幅と地面の降下幅のバランスがくずれ，物体は楕円軌道をえがくようになります。
この例からわかるように，円軌道はむしろ例外的なもので，楕円軌道のほうが，より自然なのです。

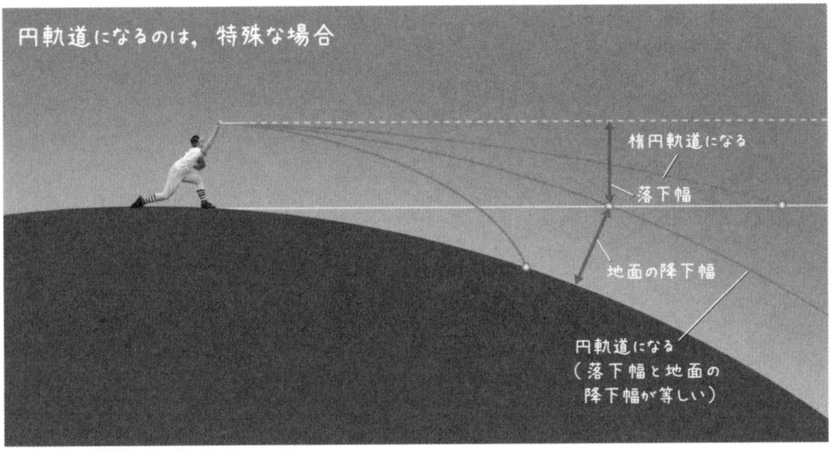

なるほど。
何となく「円」のほうが基本なのかな，と思っていました。

実際の太陽系の惑星は，楕円軌道をしていた多数の小天体が衝突合体して誕生したと考えられています。そのため軌道は**平均化**され，かなり円に近い楕円になっているんですよ。
一方，はっきりとした楕円軌道をえがいている太陽系小天体（彗星，太陽系外縁天体など）も数多く存在します。

天王星には万有引力の法則が通用しない？

太陽系の７番目の惑星は，**天王星**です。
実は，長らく天王星の運動は，万有引力の法則で正確に計算することができず，科学者たちを悩ませました。

天王星に万有引力の法則が通用しない!?

天王星は，イギリスの天文学者**ウィリアム・ハーシェル（1738～1822）**が，1781年に土星のさらに外側にある新惑星として発見しました。
年周視差（地球の公転運動により，星の見かけの位置が変化すること）を確かめるために全天を望遠鏡で観測していたハーシェルは，あるとき恒星でない，大きさのある星があることに気づいたのです。
ハーシェルは最初，彗星だと思ったそうですが，その星こそが天王星だったというわけです。

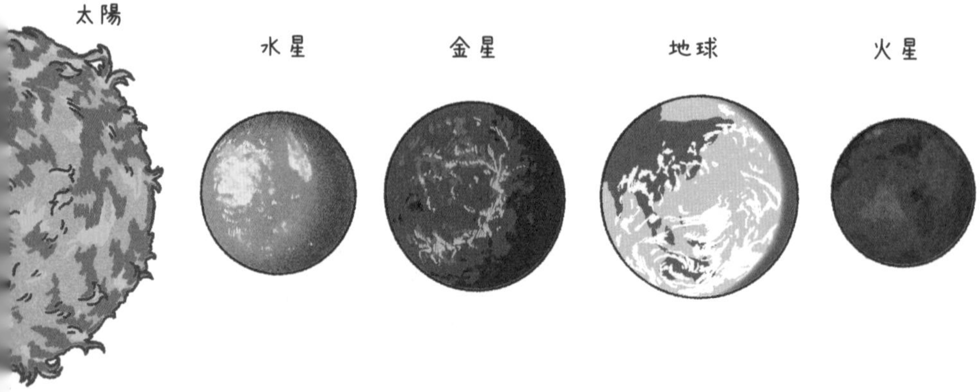

ウィリアム・ハーシェル
（1738～1822）

大発見ですね！

天王星は，太陽と地球間の距離（1au）の**約19.2倍**の距離に位置していました。土星は**約9.6au**の位置にあるので，人類の知る太陽系の大きさは一気に**倍**に広がったことになります。

一気に倍って，すごい！

ところがこの天王星は，ある問題をかかえていました。いつ観測しても，予測される位置の少し先を進んでいたのです。それはまるで，万有引力の法則にしたがっていないかのように見えました。

うーん，万有引力の法則にしたがわないってことありえるんですか？
実は万有引力の法則がまちがっているとは考えづらいし……。

万有引力の法則がまちがっていなければ，天王星の位置がずれる原因はただ一つだけ考えられます。
それは，その先にある未知の惑星の重力によって，天王星の軌道が乱されているという可能性です。

えー，そんな惑星，ほんとうにあるんでしょうか？

この問題に取り組んだのは，二人の若い天文学者，イギリス人の**ジョン・アダムス**（1819～1892）とフランス人の**ユルバン・ルベリエ**（1811～1877）でした。
二人は未知の惑星の軌道をそれぞれ独自に計算・予測し，アダムスは1845年に，ルベリエは1846年に発表したのです。

ほうほう。
実際にその軌道に惑星はあったのですか？

はい，あったんです。
1846年，ルベリエの依頼を受けたベルリン天文台の**ヨハン・ガレ**（1812～1910）は，ルベリエが予測した場所のすぐ近くで一つの星を見つけました。これが，天王星のさらに外側にある新惑星，**海王星**でした。

へぇ～！　海王星の影響だったんだ！

計算によってみちびかれた海王星の発見は，**天体力学の勝利**と評価されています。
ちなみに，アダムスの依頼を受けた別の天文台も，新惑星だとは気づかずに数回にわたって海王星を観測していたことがのちにわかりました。

偉人伝❶

近代科学の父，ガリレオ・ガリレイ

イタリアの物理学者・天文学者・哲学者であるガリレオ・ガリレイは，1564年2月15日，斜塔で有名なピサの町で，音楽家の父，ヴィンチェンツォ・ガリレイの長男として生まれました。ガリレオは数学に興味をいだき，大学の数学の教授になりました。

アリストテレスの理論を正す

ガリレオの時代，物体の運動の仕方については，重い物は軽い物より速く落ちるなど，古代ギリシアの哲学者アリストテレス（前384～前322）がとなえた説が根強く信じられていました。でもその説は，まちがっていました。ガリレオはアリストテレスの理論を正し，物体の落下する速度は，質量によらないことを示したのです。

また，発明されて間もない望遠鏡を自作して，天体観測を行いました。そして，月の表面に凹凸があることや，木星に衛星があることを発見しました。いずれも天文学史上に残る大発見です。

宗教との対立がつづいた

ガリレオは，コペルニクス（1473～1543）がとなえた「地動説」を支持し，従来の「天動説」を否定しました。ガリレオが批判したアリストテレスの理論や天動説は，キリスト教の教えと深く結びついていたため，ガリレオは教会側と対立しました。そして1633年，ガリレオは有罪判決を受け，最終的に教会側の主張を受け入れると誓います。

1642年，ガリレオは77歳で亡くなりました。多大なる業績にもかかわらず，公的な葬儀は行われませんでした。教会側が誤りを認め，ガリレオの名誉が正式に回復されるのは，死後350年たった1992年のことでした。

2

時間目

重力の正体は，時空のゆがみだった

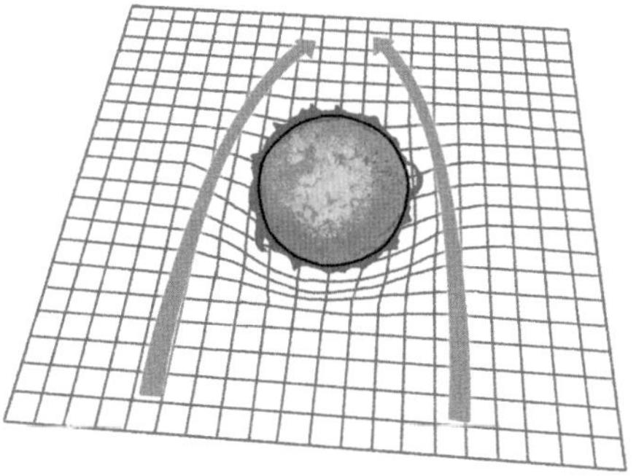

STEP 1

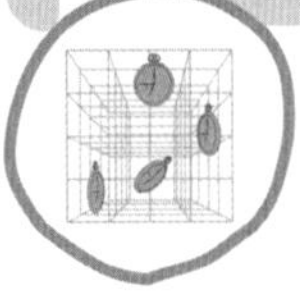

時間と空間の常識を覆した特殊相対性理論

ニュートンが提唱した「万有引力の法則」のほころびをつくろうためにアインシュタインが完成させた「一般相対性理論」。まずはその土台となった「特殊相対性理論」について紹介します。

万有引力の法則には，ほころびがあった

先生，重力はニュートンの「万有引力の法則」によって，完全に解明されたんでしょうか？

いいえ。実は，天体観測の精度が上がるにつれ，万有引力の法則に**ほころび**が見えてきたのです。
実際に万有引力の法則では説明できない現象も知られていました。それが**水星の近日点移動**です。

水星の近日点移動？

水星の軌道は太陽を中心とした円ではなく，厳密には**楕円**になっています。**近日点とは，最も太陽に近づく点のことです。**
水星の近日点は常に同じではなく，1周ごとにずれていきます。そのずれはとても小さく，100年間で574秒角です。秒角とは角度の単位で，1秒角は3600分の1度となります。

めちゃくちゃ小さなズレですね。

はい。近日点が移動すること自体は，ほかの惑星による万有引力を考えることで説明できました。
しかし観測による水星の近日点移動の大きさは，万有引力の法則による計算結果と微妙に食いちがっていたんです。

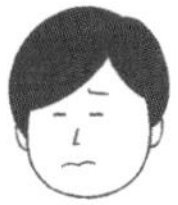

うぅむ……。

万有引力の法則は万能ではなかったんですね。

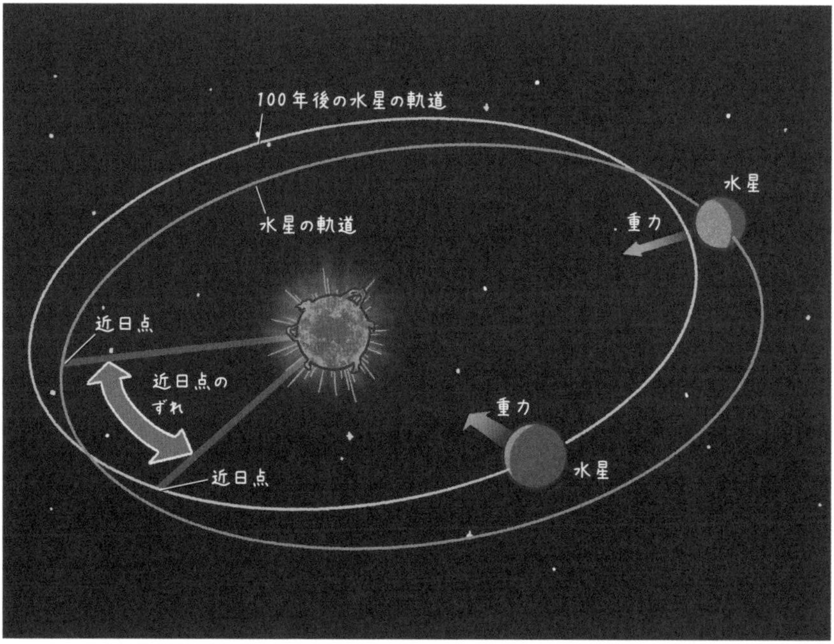

ええ。そこでアインシュタインは，水星の近日点移動も正確に説明できる重力理論を完成させたいと考えました。これがのちに**一般相対性理論**として実を結ぶのです！

いっぱんそうたいせいりろん？
聞いたことがあります。
なんだかすごい理論なんですよね？

ええ。相対性理論は，**時間**と**空間**，そして**重力**について，それまでの常識を大きく覆す，**世紀の大理論**なんですよ！　この2時間目では，重力の本質にせまる相対性理論についてくわしく見ていきます。

特殊相対性理論って何だろう

よく相対性理論とひとまとめによばれますが，実は相対性理論には，二つあります。一つは**特殊相対性理論**，そしてもう一つは**一般相対性理論**です。
アインシュタインは，はじめに特殊相対性理論を発表し，その約10年後に，重力をあつかえるように拡張した一般相対性理論を完成させました。

ふ，二つも……。
それぞれどんな理論なんですか？

まず，**特殊相対性理論**について説明しますね。
アインシュタインが20代なかばの1905年に発表した理論です。従来の**時間**と**空間**の考え方を，一変させる大理論でした。

時間と空間の考え方？

それまでの物理学は，アイザック・ニュートンが確立したニュートン力学が土台となっていました。
ニュートン力学では，1メートルのものさしは，いつ，だれが見ても同じ長さだし，今から1分後には，宇宙のどこにいても1分という時間がたっていることになります。

ニュートンの絶対時間・絶対空間のイメージ

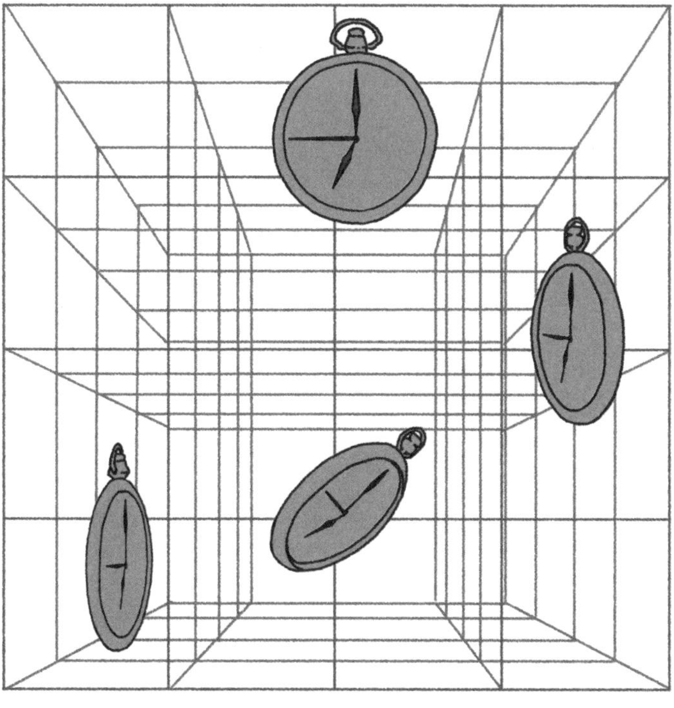

つまり時間と空間はだれから見ても同じ，絶対的なものということです。これを**絶対時間**，**絶対空間**といいます。

宇宙のどこのだれにとっても，1秒は同じ1秒で，1メートルの長さがだれにとっても同じってことですか。
当たり前じゃないですか！

ところが，アインシュタインは**特殊相対性理論**によって，この時間と空間についての常識を覆してしまったんです。

アルバート・アインシュタイン
(1879～1955)

ニュートンの絶対時間と絶対空間が正しくないってことですか？

ええ。
ニュートンの理論では，時間の進み方や空間の中の長さは，だれにとっても等しい絶対的なものでした。
しかし，アインシュタインの特殊相対性理論では，だれにとっても等しい絶対的なものは**光速**であり，時間の進み方や空間の中の長さは立場によって変わる**相対的**なものだと説明するんです。

相対的!?

「相対的」とは，だれか（何か）と比較することではじめて決まるということです。つまり，時間の進み方や空間の中の長さは，くらべる人や物に応じて，伸び縮みするというわけです。

うーむ，信じられない。

特殊相対性理論は，**光速度不変の原理**を土台にしてつくられました。
光は，観測する場所の速さや，光源の運動の速さに関係なく，常に秒速30万キロメートルで一定になるんです。
これが光速度不変の原理です。

光の速度が，同じになる!?
なんだか当たり前で，すごい原理のようには思えないのですが。

普通の物体の場合，その速度は観測者の速度によって変わります。
たとえば，時速100キロメートルの**電車**の中で，進行方向とは逆向きに時速100キロメートルで**野球ボール**を投げます。
電車の中の人にとっては当然，野球ボールの速さは時速100キロメートルに見えますよね。

はい。

ここで，電車の外で止まっている人の立場で考えてみましょう。この場合，電車の速度と野球ボールの速度が打ち消されて，野球ボールの速さは**時速0キロメートル**に見えるはずです。つまり，ボールはその場で単に落下するように見えるんですね。
このように，普通の物体の速度は観測者の立場によって変化する**相対的**なものなのです。

ふむふむ。
それは光も同じじゃないんですか？

電車の中で，進行方向と逆方向にボールを投げる

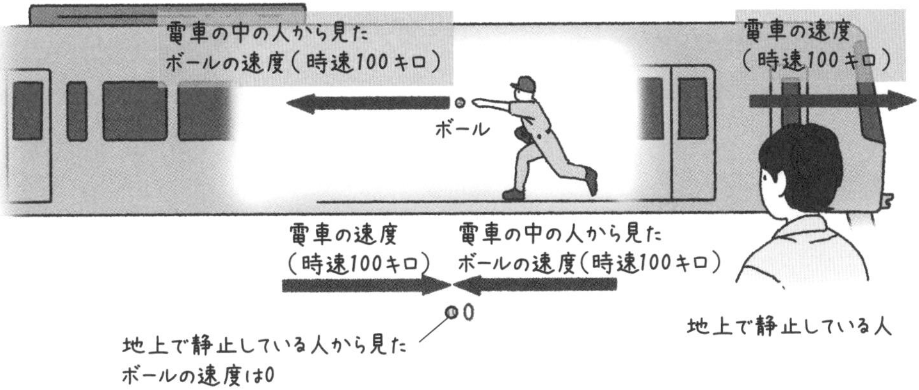

なんと，ちがうんです。
光源が移動している場合も，観測者が移動している場合も，光を観測すると，だれにとっても必ず，その速さは秒速約30万キロメートルになります。
光速度不変の原理は，実験的にも数多くの検証が行われており，正しいとみなされています。

ポイント！

光速度不変の原理

光の進む速度は，観測する場所の速さや，光源の運動の速さに関係なく，だれから見ても常に秒速 30 万キロメートルで一定になる。

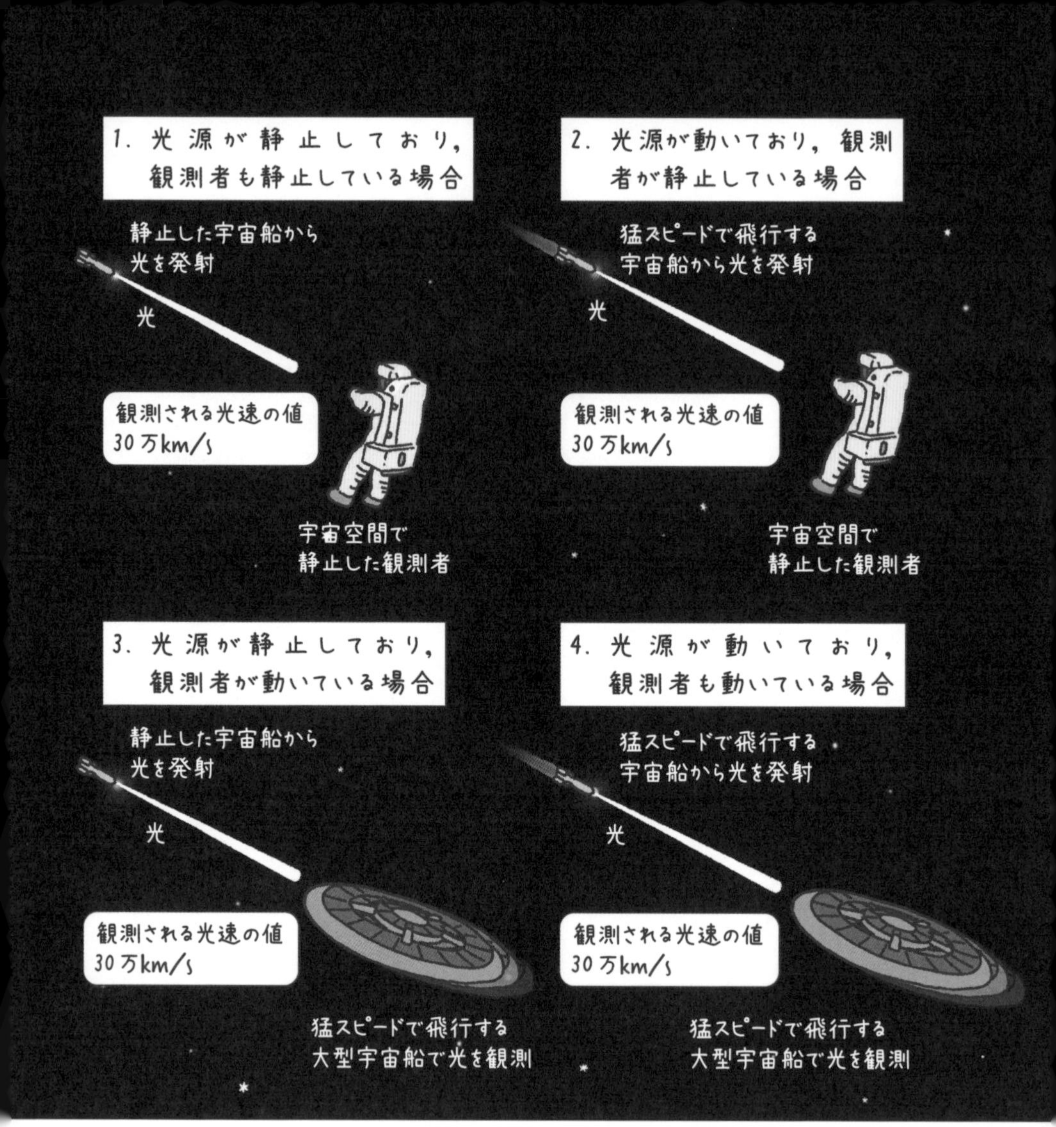

ふぅむ。光の速度は，動いている場所から見ても止まっている場所から見ても変わらないってことなんですね。なんとも不思議です。

その通りです。
そんな光速度不変の原理を土台とし，先にお話しした**特殊相対性理論**，すなわち「光速に近い速さで進む物体を外から観測すると，時間の流れが遅くなり，長さが縮む」という驚くべき結論がみちびかれました。
さらに，光速に近い速さで進むと「質量が増大する」こともわかっています。

質量も増えるんですか!?

はい。これらの現象は，常識的には信じがたいものですが，いずれも実験や観測によってその正しさがたしかめられています。
これらの特殊相対性理論がみちびいた具体的な結論を，しばらく見ていきましょう。
ただ，ここからは考え方がちょっとややこしく，重力の話からも少しはなれるので，しばらく読み飛ばして，STEP2（118ページ）からまた読みはじめてもかまいません。

ポイント！

特殊相対性理論
高速で移動する物体の中は，時間と空間の区別ができなくなり，時間の進みが遅くなって，物の長さが短くなる。

光速に近づくほど，時間の流れが遅くなる

まずは「**時間の進み方**が人によってちがう」ということを見ていきましょう。
なんと特殊相対性理論によれば，止まっている人から見ると，速く動く人の時間は遅れるんです！

じ，時間が遅れる!?
そんなことがほんとうにおきるんですか？

はい。次のような状況を考えてみましょう。
まず，**月面にアリス**がいます。
このアリスから見て，秒速24万キロメートル（光速の80％）で，**ボブが乗った宇宙船**が右に飛んでいます。このとき，宇宙船の中と月面上には**光時計**という時計がそれぞれ置かれていることにします。

光時計？

光時計というのは，上部と下部に鏡があり，その間を光が行ったり来たりすることで時間をはかる装置です。下部の鏡には光源がついており，ここから光が放たれます。

ふぅむ。

たとえば砂時計ってありますよね。1分をはかる砂時計は，容器内に1分ですべて落ちる量の砂が入っていて，その砂が全部落ちることで時間をはかります。
それと同じように，光時計は**光の進行**によって時間をはかる装置です。

光の進行で時間をはかるってどういうことでしょうか？

光時計は，高さ約30万キロメートル（正確には29万9792.458キロメートル）の筒であり，この筒の中を光が上下します。
光は常に1秒間に約30万キロメートルの距離を進みます。**ですから，光時計の下にある光源から出た光が上の鏡に到達したとき，ちょうど1秒が経過したことを意味します。**

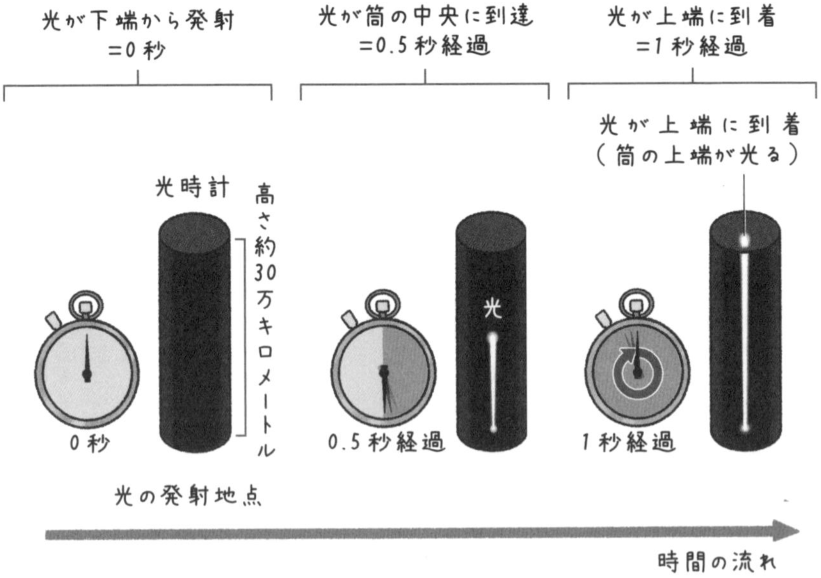

なるほど〜……って，ちょっと待ってください！
30万キロメートルの筒!?
そんなもの，宇宙船の中に入るわけないじゃないですか!!

まぁまぁ，光時計はあくまで「時間の遅れ」についての**思考実験**をするうえで考えだされた想像の産物です。ですから頭の中でどうにか，宇宙船の中に押しこめてください。
イラストでも，わかりやすくするために高さを省略しています。

空想上の実験装置ってことですね。
とにかく1秒を計測する理屈は理解しました。

では，話を進めましょう。
まず宇宙船の中のボブが見る船内の光時計について考えましょう。たとえ高速で進んでいても，宇宙船内では光源から出た光は，まっすぐ上に向かいます。

ふむふむ。

光速度不変の原理により，光が上に進む速度は秒速30万キロメートルです。
このときボブにとっては，自分のまわりの時間の流れは当然，いつも通りということになります。

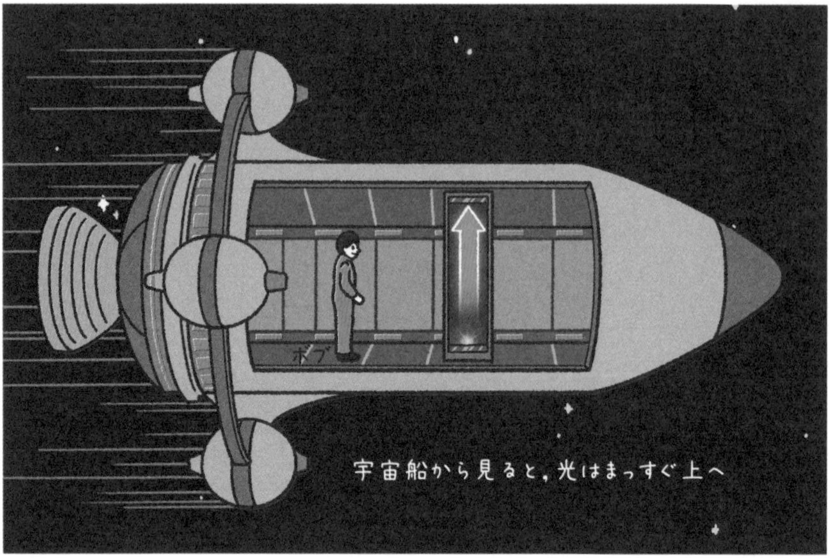

そりゃあ，そうでしょう。

ところが，宇宙船内のボブを月面上の観測者アリスから見ると状況が変わります。
なんと**時間の遅れ**が生じるのです！

どういうことですか？

アリスとボブが同時に光時計をスタートさせたとします。
月面上のアリスの光時計で1秒が経過したときに，アリスが宇宙船内のボブの光時計を見ます。
するとなんと，ボブの光時計ではまだ1秒が経過していないんです。つまり，アリスの時間にくらべて，宇宙船内の時間は遅れているわけです。

どっひゃー，嘘でしょう!?
なぜそんなことがおきるんですか!?

順を追って説明しましょう。
まず，**宇宙船内**では光時計から出た光は，まっすぐ上に進むはずでしたね。でも，宇宙船は右に進んでいるわけですから，この光時計の光を**月面**のアリスから見ると，**右斜め上**に進むように見えるはずです。

宇宙船自体が右に進んでいるわけですから，宇宙船の中で真上に放たれた光は，アリスからは右斜め上に進んで見える……。
ふむふむ，納得できます。

ここで**光速度不変の原理**を考えます。すると，アリスから見た宇宙船内の光時計から出た光は，**秒速30万キロメートル**の速さで**右斜め上**に進んでいることになりますね。
一方で，宇宙船内のボブにとって，この光時計の光は**秒速30万キロメートル**の速さで**真上**に進んでいるはずです。
なんだか変じゃありませんか？

いえ，まったく変じゃないと思います。

では，次のイラストを見てください。
アリスから見たときに光が進むはずの斜めの軌跡は，明らかに光時計の高さよりも長いことがわかりますね。

は，はい。

月面のアリスの光時計の光は，宇宙船内の光時計の光と同じ速さで進みますから，**月面の光時計の光が上の鏡に到達し，1秒の時をきざんだ瞬間には，宇宙船内の光時計の光は上の鏡に達していないはずです。**宇宙船内の光時計の光は，より長い距離を進まないといけませんから。
そのため，アリスから見ると，月面の光時計よりも遅れて，宇宙船内の光時計の光は上の鏡に達するはずなんです。

たしかに。
アリスから見ると，月面の時計で1秒経過したのに，宇宙船内の光時計はまだ1秒経過していないことになっている……。
うーむ，頭がこんがらがりそうです。これはどう考えればいいんですか!?

上の鏡に光が達する瞬間が宇宙船における1秒なので，**月面のアリスからすれば，宇宙船の1秒は月面の1秒よりも長いことになります！**
つまり，月面から見ると，宇宙船内の時間は遅れていることになるんです。

どひゃー，信じられない。

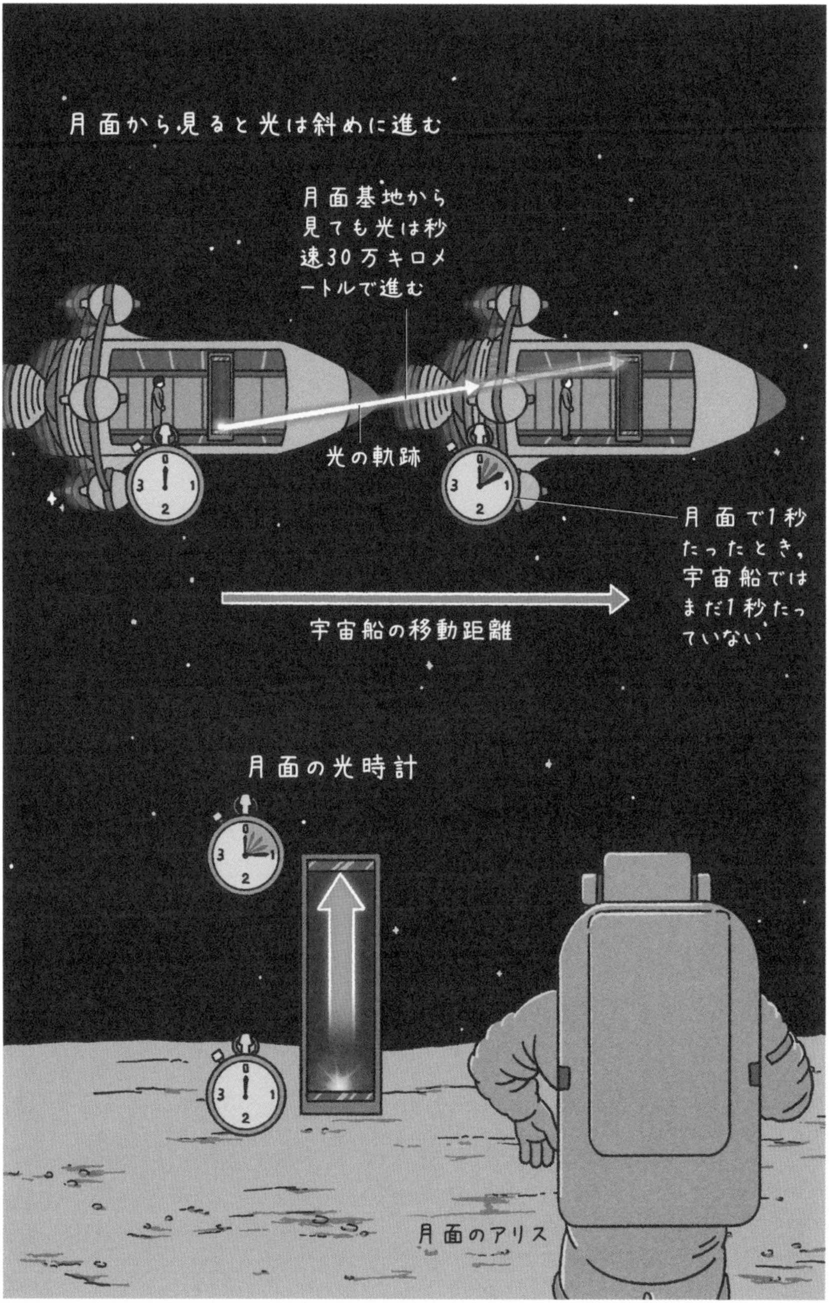
月面から見ると光は斜めに進む
月面基地から見ても光は秒速30万キロメートルで進む
光の軌跡
月面で1秒たったとき，宇宙船ではまだ1秒たっていない
宇宙船の移動距離
月面の光時計
月面のアリス

非常に奇妙な結論ですが，光速度不変の原理から自然にみちびかれます。
この原理が成り立つように，宇宙が時間の流れを遅くすることでつじつまを合わせている，といってもよいかもしれません。

奇妙すぎますよ！

時間の流れは，宇宙船の速さが光速に近づくほど，どんどん遅くなっていきます。
どのくらい宇宙船内の時間が遅くなるかは，次のページの計算式で求められます。**その計算式によると，月面で1秒たったとき，光速の80％で移動する宇宙船の内部は0.6秒しかたっていない計算になります。**

ひゃー！　不思議！

なお，この時間の遅れはおたがいさまで，宇宙船内のボブから見たアリスの時間も，同じしくみで遅れることになります。

ポイント！

特殊相対性理論による時間の遅れ

光速に近い速度で運動する物体の時間は，外から見ると遅れて見える。

補　足

「三平方の定理」で求める時間の遅れの公式

（少し発展的ですが，興味のある読者は，説明を追ってみてください）

アリスとボブの例から，時間の遅れの公式をみちびいてみます。月面のアリスから見て T 秒後に宇宙船の光時計の光が光検出器に入ったとします。すなわち，月面の光時計で T 秒のときに宇宙船のボブの光時計は1秒を指すことになります。つまり，宇宙船の時間は月面の時間とくらべて T 倍遅いことになります。次のような直角三角形を考えると，三平方の定理から時間の遅れ T を求める公式（★）をみちびけます。

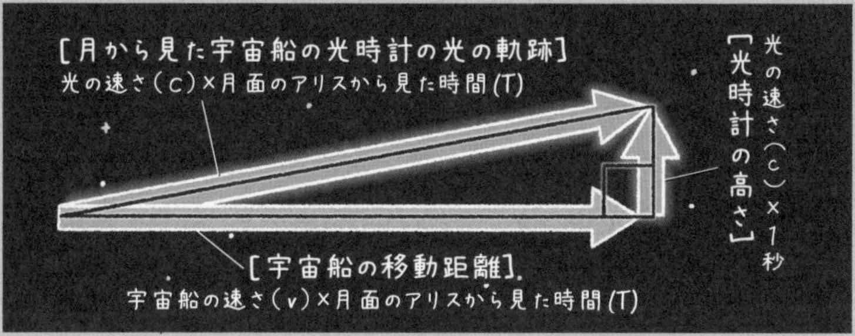

$$(cT)^2=(vT)^2+c^2 \rightarrow (c^2-v^2)T^2=c^2 \rightarrow \left\{1-\left(\frac{v}{c}\right)^2\right\}T^2=1$$

$$\rightarrow T=\frac{1}{\sqrt{1-\left(\frac{v}{c}\right)^2}} \quad \cdots\cdots(\bigstar)$$

もし宇宙船が光速の80％なら，（★）に $v=0.8c$ を代入します。すると，$T=1.67$ となり，月面での1.67秒に対して，宇宙船では1秒しかたたないことになります（月面での1秒に対して，宇宙船では0.6秒）。

高速の物体は，長さが縮む

ここからは，**空間が縮む**という話をしようと思います。「爆発せまる！　1年後に1.3光年先の母船まで帰り着くことができるか!?」というテーマを考えてみましょう。

よくわからないけど，SFみたいで面白そう！

科学者のチャーリーたちは，とある惑星の調査をするために，母船から発射された宇宙船に乗って惑星に向かっています。今，宇宙船は母船から見て1.3光年の距離にいます。

チャーリーたちが乗った宇宙船は順調に宇宙を航行していましたが，なんと宇宙船には，1年後に爆発する時限爆弾がしかけられていることが突然判明しました。しかもこの時限爆弾は特殊で，母船でしか解除できません。

とにかく宇宙船はなんとしても母船に帰らないといけませんが，宇宙船は光速の80%でしか飛べません。1.3光年という距離は光でさえ1年では到達できない距離です。はたして，宇宙船は，爆弾が爆発するまでの1年で母船にたどり着けるのでしょうか？　それとも木っ端微塵に爆発して宇宙のちりとなってしまうのでしょうか？

ここで考えるストーリーを掲載しました。ここに出てくる**光年**とは，距離の長さの単位です。
1光年は光が1年で進む距離で，約9兆4600億キロメートルとなります。

なるほど。チャーリーの科学者としての成功を妬んだ何者かが犯人ですね。
それで，えーっと……，宇宙船は光速の80％で飛んでいるってことは，1年で0.8光年の距離しか進めないわけですよね。
どう考えても母船にたどり着けずに爆発してしまうと思います！

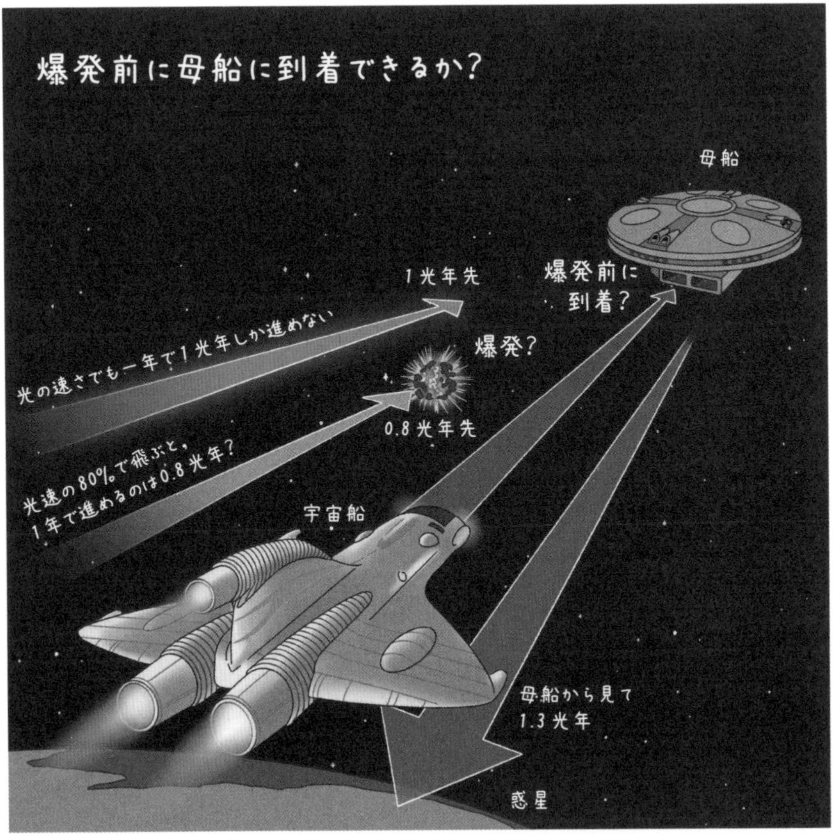

さぁ，どうでしょうね。
ここでも鍵となるのは，**「だれから見るか」**です。1.3光年先というのは，母船から見た距離です。そして時限爆弾が爆発するのは，宇宙船にとっての1年後です。
これらをふまえて，まず**母船の立場**から見てみましょう。

すでにややこしいなぁ。

まず，宇宙船は光速に近い速さで飛ぶので，母船から見ると宇宙船の時間の進み方は遅くなります。相対性理論によると，母船の1秒に対して宇宙船では**0.6秒**しか進みません。
つまり，宇宙船にとっての1年は母船にとっての**約1.67年（1÷0.6）**に相当します。
光速の80％で1.67年飛べば，到達距離は「1.67×0.8」で**約1.33光年**（距離）となり，母船までの距離1.3光年よりも遠くに到達する，つまり爆発前に無事母船に到着できることになります。

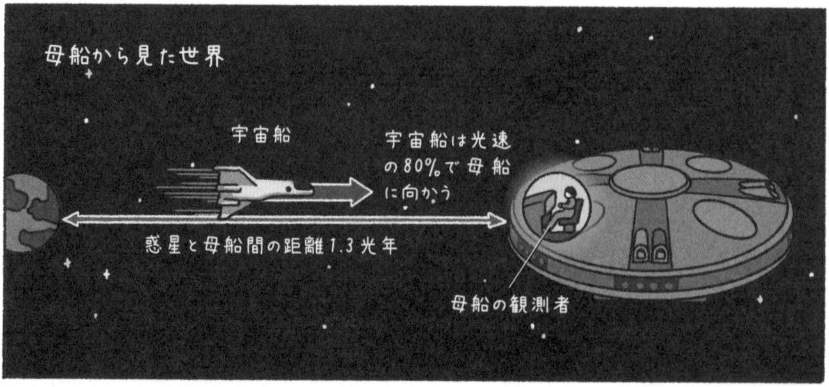

母船から見ると宇宙船の時間が遅れるから，間に合うのか……。でもなんだか納得できないなぁ。
宇宙船の中の人たちにとっては，自分たちの時間は遅れていないわけですよね。宇宙船は爆発してしまうんじゃないですか!?

では今度は宇宙船から見てみましょう。宇宙船から見ると，母船が光速の80％で近づいてくるので，1年間に母船が接近する距離は0.8光年（1×0.8）になります。

母船までの距離は1.3光年だから，これじゃあ間に合わない！
母船から見れば間に合って，宇宙船から見たら間に合わない……，矛盾してますよ！

ここで，特殊相対性理論のもう一つの側面があらわれます。なんと，**高速で移動する物体の周囲の空間は縮むのです。**
今回の例でいえば，母船にとっての1.3光年の距離は，光速の80％で飛ぶ宇宙船からすると**0.6倍**に縮みます！

く，空間が縮む～!?

はい。その結果，**母船までの距離は宇宙船にとって0.78光年（1.3×0.6＝0.78）に縮まり，1年間で母船が近づく距離0.8光年より短くなるので，爆発前に母船に到着できることになります。**110ページの補足に，空間の縮みを計算する公式を示しておきます。

ということは，母船目線で考えても，宇宙船目線で考えても，どちらにしても爆発はしないということなんですね。

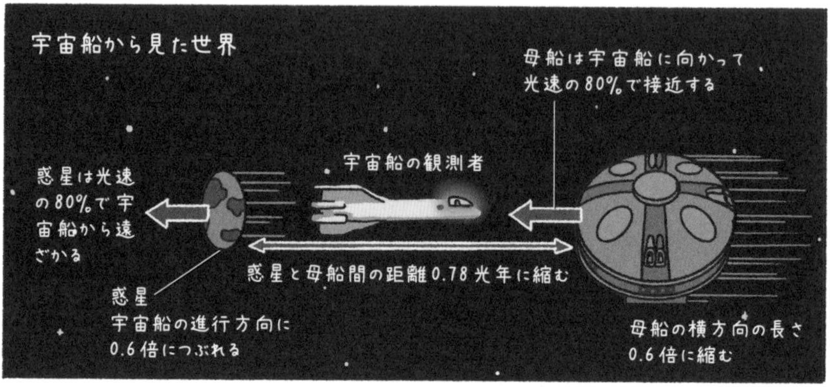

はい，そうです。
このように，**光速に近い速さで運動すると，光速に近づけば近づくほど，空間(長さ)はどんどん縮んでいくのです。**このような特殊相対性理論の効果による空間の縮みは，**ローレンツ収縮**とよばれています。

空間が縮む……，宇宙船から見たら，周囲の空間はどのように見えるのでしょうか？

宇宙船から見ると，自分以外の宇宙全体が前から後ろへ高速で移動していくことになります。
そのため，**母船までの距離が0.6倍に縮むだけでなく，母船の長さも，後方にある惑星も，0.6倍に縮みます。**
つまり，自分以外の周囲全体が0.6倍に縮んでしまうのです。

ひょえー！ とんでもないな。
じゃあ，母船のほうでは空間は縮まないんですか？

母船から見ると，宇宙船だけが光速の80％で飛んでいます。ですから，**宇宙船の長さだけが0.6倍に縮みます。**

結局，どっちも縮むわけですね。

そうです。“空間の縮みはおたがいさま”というわけです。
さて，ここで一つ注意しておきます。
空間の縮みは運動の方向だけでおきます。なので，速度の向きを横方向とすると，縦方向の空間が縮むことはありません。
今回の例でいえば，宇宙船や母船は横方向に縮みますが，上下に潰れることはない，つまり進行方向にひしゃげて見えるということです。

補足

ローレンツ収縮の公式

観測者に対して速度vで運動している物体の長さLは，その物体が静止したときの長さをL_0とすると，

$$L=\left(\sqrt{1-\frac{v^2}{c^2}}\right)L_0$$

となります。ただしcは光速（秒速30万キロメートル）。たとえば本文の設定で母船から見た宇宙船の長さLは，

$$L=\left(\sqrt{1-\frac{(0.8c)^2}{c^2}}\right)L_0=\sqrt{0.36}L_0=0.6L_0$$

となり，もとの長さの0.6倍に縮むことがわかります。

光速に近づくと，質量がどんどん大きくなる

特殊相対性理論は，**速さに上限がある**というおどろくべきことを予言します。
その速さの上限こそ，光速です。
光速は**自然界の最高速度**だったのです。

自然界の最高速度!?
ものすごい宇宙船が開発されても，光速は超えられないんですか？

はい。どんな超文明のテクノロジーをもってしても光速を超えて運動することはできません。

うーむ，不思議です。
物体をめちゃくちゃ加速すれば，いつかは光速を超えることができるんじゃないですか？

では，小さな**電子**を加速させることを考えてみましょう。
マイナスの電気をもつ粒子である電子に，電圧をかけるなどして電気的なエネルギーをあたえると，加速することができます。
普通に考えれば，エネルギーをあたえつづければ電子の速さは際限なく大きくなっていきそうです。

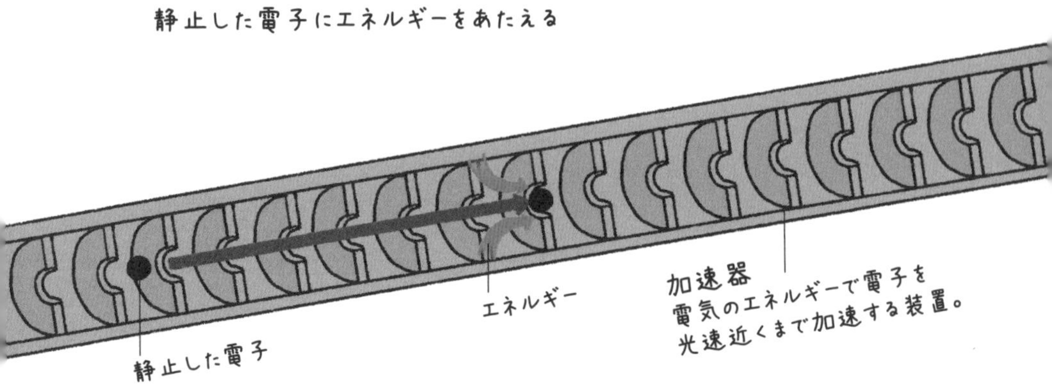

ですよね。エネルギーをどんどん加えれば，普通に光速を超えられそうな気がするんですけど。

ある程度までは，加速できるでしょう。**でも，エネルギーをどれだけそそぎこんでも，電子は光速に到達することはできません。**
たとえば，止まった電子に10のエネルギーをあたえて光速の86.6％まで加速できたとしましょう。この電子にさらに同じ10のエネルギーを加えたとします。どうなると思います？

単純に考えると，さらに光速の86.6％分加速されて，光速の173.2％の速度になりそうですけど……。

光速を超えそうですよね。
でも実際には，**同じエネルギーを加えても光速の7.7％分しか加速されません。**さらに10のエネルギーをあたえていっても加速量は光速の2.5％，1.2％と減りつづけ，電子は光速に到達できないんです。

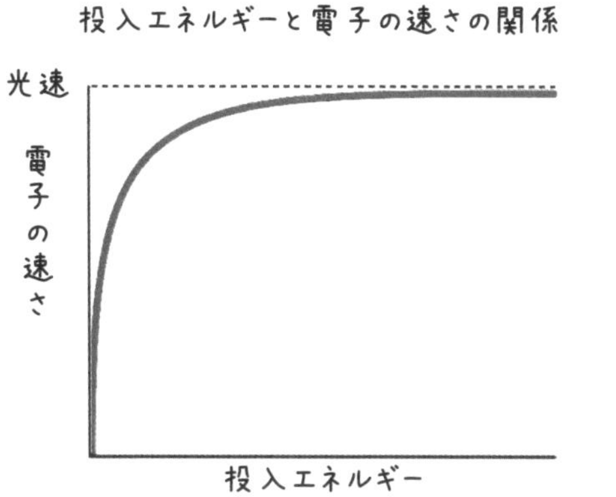

グラフのように，どんなにエネルギーを投入しても電子は光速には到達できない。

どんどん加速されなくなっていくんですか!?
不思議ですねぇ……。エネルギーを加えつづけているのに，なぜ電子は加速されなくなるんでしょうか？

通常，加速する量は，加えるエネルギーが大きいほど大きくなりますが，質量が大きいほど小さくなります。
つまり，**電子の実験でエネルギーを加えても大して加速されなくなったということは，電子の質量が大きくなったということなんです！**

ええっ！　電子の質量って変わるものなんですか!?

はい。
特殊相対性理論によると，物体は光速に近づくほど「質量が増えて」加速しにくくなります。光速に近づけば近づくほど，質量は無限大へと増えていくのです。

ひぇー，エネルギーをどんどんあたえても，電子の質量が増えるから，加速しづらくなるんですね。

はい。本来なら，物体にエネルギーを加えると加速されるはずですが，電子が光速に近づくと加速されなくなっていきます。
さて，ここで疑問がわきませんか？
本来，速度に変換されるはずの，加えたエネルギーはいったいどこに消えたのでしょうか？

エネルギーはぽわっと消滅してしまったんじゃないですか？

いいえ，それはちがいます。
物理学の大事な法則に，**エネルギー保存則**というものがあります。
エネルギー保存則によると，エネルギーの総量が増えたり減ったりすることはありません。
つまり，**エネルギーが消えることはありえず，どこかにかならずたくわえられているはずなのです。**

えー，じゃあ，エネルギーはどこにいったんですか？

相対性理論のおどろくべき結論はずばり，**「エネルギーが質量に変わった」**ということです。

エネルギーが質量に変わる？

そうなんです。
相対性理論は，エネルギーは質量に変化できて，逆に質量はエネルギーに変化できることを明らかにしました。
すなわち**「質量とエネルギーは本質的に同じものだ」**ということです。電子の実験の例でも，電子にあたえられたエネルギーが電子の質量へと変化したわけです。
このことを数式であらわしたのが，特殊相対性理論からみちびかれる有名な公式 $E=mc^2$ です。
「E」はエネルギー，「m」は質量，「c」は光速をあらわしています。なお，mc^2 は「$m \times c \times c$」ということです。

「エネルギーは質量に光速を2回かけたものと同じ」ってことですか？

はい。
質量とエネルギーは，長い科学の歴史の中でずーっと別々のものとしてあつかわれてきました。
しかし「$E=mc^2$」によってこの二つが**本質的に同じもの**であることが示されたのです。公式の中の「c^2」が，歴史的に別々にあつかわれてきたエネルギー E と質量 m の両者をつなぐ“**かけ橋**”の役割を果たしています。

ポイント！

$E = mc^2$

E: エネルギー，m：質量，
c：光速（3.0×10^8m/s）

質量とエネルギーは本質的に同じもので，おたがいに移り変わることができる。

STEP 2

重力理論に革命をおこした一般相対性理論

特殊相対性理論から10年後，アインシュタインは，重力をあつかう理論である「一般相対性理論」をつくりあげます。一般相対性理論は従来の重力の考え方を一変させてしまいました。

一般相対性理論って何？

ではいよいよ，革命的な重力理論である**一般相対性理論**を説明しましょう。
特殊相対性理論によって時空が伸び縮みすることを明らかにしたアインシュタインは，そのおよそ10年後，さらに理論を発展させ一般相対性理論を完成させました。

一般相対性理論はどういう理論なんでしょうか？

一般相対性理論は，それまでの重力の考え方を一変させた革命的な理論です。
17世紀にニュートンは，重さ（質量）をもつものどうしは，すべて万有引力（重力）で引き合うという**万有引力の法則**を打ち立てました。これは一般相対性理論が登場する前の重力の理論です。

ただニュートンは，万有引力（重力）がどのような法則ではたらくのかは明らかにしましたが，**なぜ万有引力が生じるのか**を，何も説明していませんでした。

ふぅむ。
じゃあ，一般相対性理論では，重力がなぜはたらくのかを，どのように説明するんですか？

一般相対性理論では，重力とは**時空のゆがみ**だと説明します。この時空のゆがみの影響を受けて，物体が落下したり，地球が太陽の周囲を公転したりするというわけです。

じ，時空のゆがみ？

時空というのは，時間と空間のことです。
一般相対性理論では，質量をもつ物体の周囲の時空はゆがんでいると考えるのです。そして，そのゆがみの影響を受けて，物体が引き寄せられます。
これが重力の正体です。

ぐぬぬぬ。
イメージができない！

次のイラストを見てください。
本来は，時空のゆがみをイラストにあらわすことはできませんが，このイラストでは時空のゆがみを2次元のマットのへこみとしてあらわしました。
地球の周囲の時空はゆがんでおり，このくぼみに転がり落ちるように，りんごは地球に引き寄せられます。

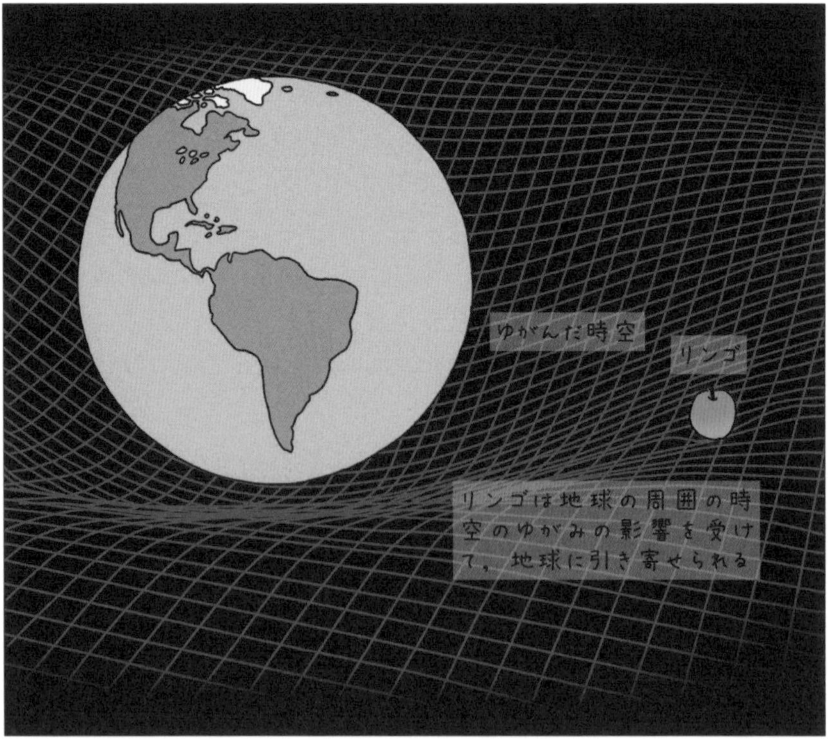

なるほど……。

時空のゆがみは，重力源が重い（質量が大きい）ほど，そして重力源に近いほど大きくなります。

でも，時間と空間がゆがむなんて，ちょっと信じられないなぁ……。

時空のゆがみは，光の進路を見ることでわかります。
時空のゆがみがあると，光の進路さえ曲がってしまうのです。

光の進路が曲がる？
屈折みたいなことですか？

いいえ，屈折とは意味がちがいます。
普通，光は直進します。ところが，時空がゆがんでいる（重力がはたらく）と，光が空間をまっすぐ進んでいても，空間のゆがみによって進路が曲がってしまうのです。

ほんとうにそんなことがおきるんですか？

ええ。小さな重力源では，なかなか光が曲がっているのを確認するのは困難ですが，宇宙に目を向けると，銀河団などの大きな重力源がありますから，光が曲げられる現象を実際に観測することができるんですよ（123ページのイラスト）。

重力が時空をゆがめて，さらに光の進路さえも曲げてしまうのか……。

ポイント！

一般相対性理論

質量をもつ物体の周囲では時空がゆがんでおり，その時空のゆがみによって重力が生じる。

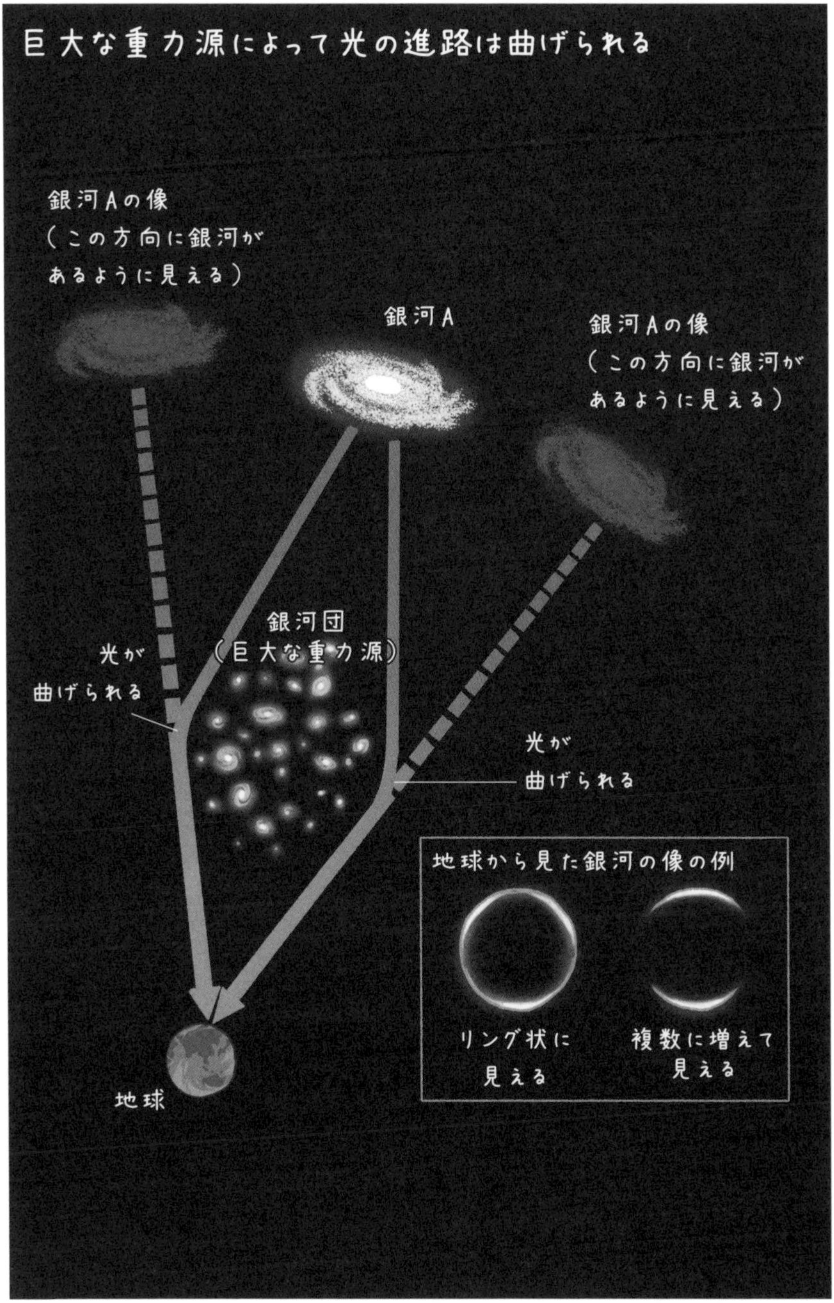
巨大な重力源によって光の進路は曲げられる
銀河Aの像
（この方向に銀河があるように見える）
銀河A
銀河Aの像
（この方向に銀河があるように見える）
銀河団
（巨大な重力源）
光が
曲げられる
光が
曲げられる
地球
地球から見た銀河の像の例
リング状に
見える
複数に増えて
見える

アインシュタインのひらめき「重力は消せる！」

先生，アインシュタインはなぜ，重力の正体が時空のゆがみだなんていう，突拍子もないアイデアを思いついたのでしょうか？

ではアインシュタインがいかにして一般相対性理論にたどり着いたのか，彼の思考をたどってみましょう。
ちょっとむずかしいかもしれませんが，がんばってついてきてください。

は，はい，がんばります……。

1907年，アインシュタインは一般相対性理論の土台となる生涯最高のアイデアを思いつきました。それは**「落下する箱の中では重力が消える」**というものです！

意味不明です。
一体どういうことですか？

まずはこのアイデアについてくわしく説明しましょう。
たとえばエレベーターに乗って上昇するとき，動きはじめに体が重くなった感じがしませんか？

ええ。なんか，ずしっとする感じがしますね。
逆に下がりはじめるときは，体が浮き上がって，ふわっとした感じになりますよね。

これは，乗ったエレベーターが加速や減速をしているからです。
上向きに加速すると体が重くなり，重力が大きくなったように感じます。
逆に**下向きに加速**すると体が軽くなり，重力が小さくなったように感じるわけです。

エレベーターが加速する方向とは逆向きに，押されるような感じですね。

まさにその通りです。
1時間目でもお話ししましたが，エレベーターの中のように，加速しながら運動している場所の観測者には，加速の向きと逆向きに**慣性力**という見かけの力があらわれるのです。

かんせいりょくって何でしたっけ？

慣性力は**ニュートン力学**によって説明される**見かけの力**です。
1時間目で説明したように，バスが急加速したときに後ろに倒れそうになりますよね。これは，バスは加速するのに，乗っている人は元の遅い速度で運動をつづけようとするためです。バスの中の人からすると，あたかも後ろ向きに押す力がはたらいたかのように感じます。

ふむふむ。

このように，速度が変化する（加速する）物体の中では，加速の方向とは逆向きに，力がはたらいているように感じます。この力が慣性力です。

なるほど。そうでしたね！

なお，慣性力はあくまでエレベーターの中や，バスの中の人が感じるだけで，外から見ると実際に力が発生しているわけではありません。慣性力は**見かけの力**なんです。

ふぅむ。見かけの力か。
何となく思いだしました。

さて，ここで**無重力空間**の宇宙船を考えましょう。
たとえ無重力空間でも，宇宙船が加速すれば，エレベーターと同じように慣性力が発生するので，見かけの重力を感じるはずです。

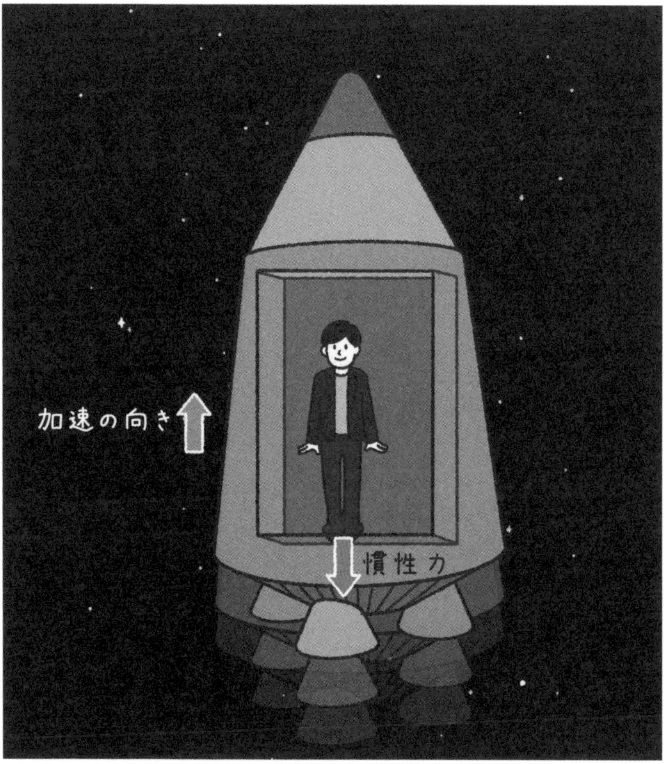

たしかに宇宙船の加速の向きとは逆方向に力を感じるわけですからね。

このことから，アインシュタインは**慣性力と重力は区別することができないもの**だと考えました。これは慣性質量と重力質量が本質的に同じものだということです。この考えは**等価原理**とよばれ，一般相対性理論の土台となるのです。

とうかげんり？
すみません。全然意味不明です。
どういうことですか？

等価原理というのは，重力と慣性力が「等価（本質的に同じ）」だということをあらわしています。
たとえば先ほどの例のように，無重力空間で加速する宇宙船の中は，慣性力がはたらくので，重力のある空間にいるのと区別ができません。
また逆に，重力のある地上で，加速しながら落下するエレベーターの中にいると，慣性力と重力が打ち消し合うため，無重力空間にいるのと区別ができなくなります。

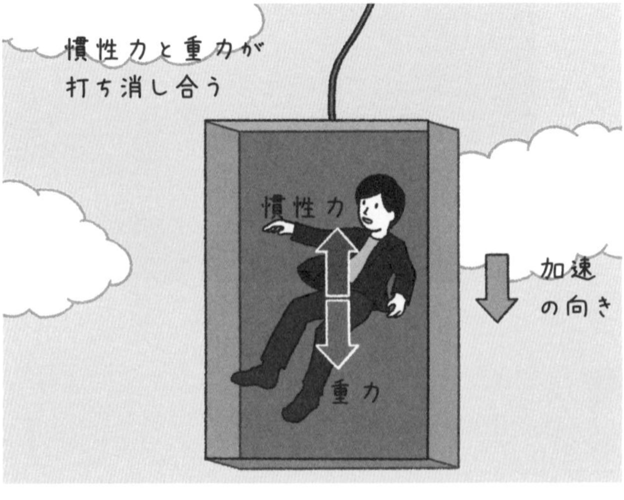

これが，「落下する箱の中では，重力が消える」ってことですか……。
一般相対性理論にどうつながるんだろう。

ポイント！

等価原理

慣性力と重力は区別することができない。

空間は曲がっていた！

「落下する箱の中では，等価原理によって重力が消える」というお話をしました。
しかし厳密にいうと，天体がつくる重力の影響は箱の中でも完全には消えません。

いやいや，いったいどっちなんですか!?

次のイラストを見てください。
無重力空間を飛行する宇宙船の中に，二つのリンゴがあるとします。**宇宙船が加速すると，二つのリンゴは間隔を一定に保って“落下”するように見えるはずですね。**

これは加速の向きと大きさが，宇宙船の中のどこでも一定だからです。

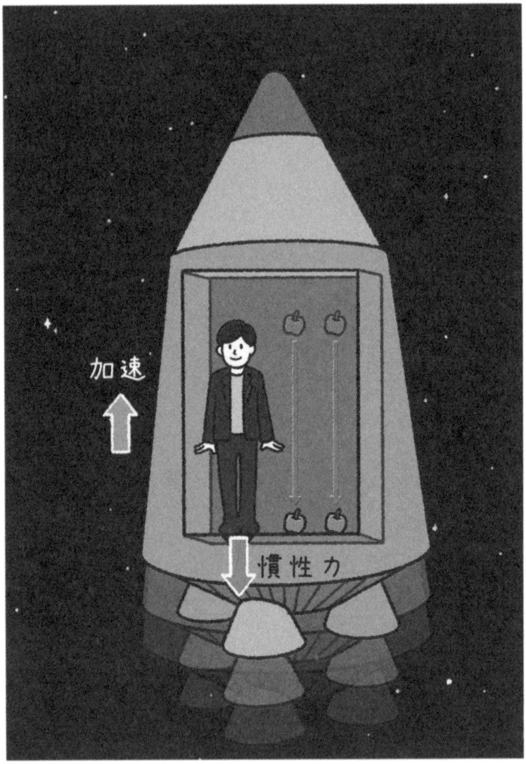

ふむふむ。

ところが，地球のような天体の重力はちがいます。
天体の重力は，天体の中心に向かいます。
ですから，日本と赤道では重力の向きがちがっています。

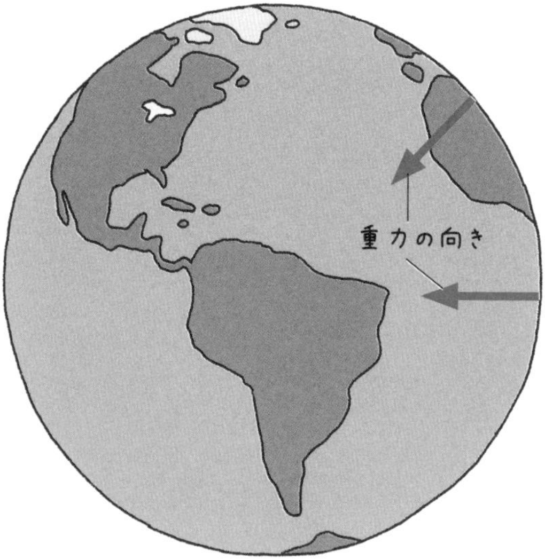

重力は地球の中心に向かう方向にはたらくから，場所によって，重力の矢印の角度がちがっているんですね。

そうです。
そのため，地球などの天体に向かって落下する箱の中では，水平に並ぶ二つのリンゴは，落下するにつれてわずかに接近します。つまり，落下する箱の中でも，重力の影響が完全には消えていないのです。次のイラストはそのことを誇張して描いたものです。

落下している箱の中では，二つのりんごが近づくのか。
なんだか不思議ですね。

この状況について，アインシュタインは次のように考えました。
それぞれのリンゴだけに着目すれば，自分にはたらく重力の影響は消え去っているはずです。それなのに二つのリンゴが接近したのは，**「天体の質量が周囲の空間を曲げているからだ」**というわけです。
こうして一般相対性理論のアイデアへと結びついたのです。

天体の質量が空間を曲げている!?
も一何がなんだかわかりません！
空間が曲がるってどういうことなんですか？

戸惑うのも当然のことです。
空間が曲がっていることを実感するのは，**3次元世界**に暮らす私たちにとって実は非常にむずかしいことなんです。

えー，それじゃあ，空間が曲がるって全然意味がわからないんですけど。

空間が曲がるといっても理解しづらいので，まずは地球の表面のような**2次元の面**を例に，空間が曲がるとはどういうことか考えていきましょう。
地球は球ですから，3次元の世界に暮らす私たちからすると，表面は曲がっていますね。

そんなの，当たり前ですよ～。

でも，地球の表面にはりついた2次元世界の住人がいたとしたら，地球の表面が曲がっていることは実感できないはずです。

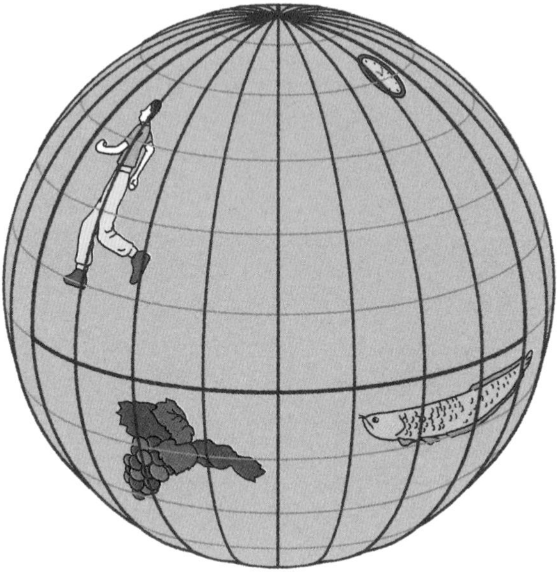

たしかに。
私たちにとっても，普通は地面が平面のように感じますもんね。

そうでしょう。2次元の面からはなれられないと，そこが曲がっているのかどうか，わからないんです。
この2次元世界の住人と同じように，**3次元世界の住人である私たちにとっても，3次元の空間が曲がっていたとしても，それを実感できません。**

うーむ，じゃあ結局，3次元の空間が曲がっているってどういうことなんでしょうか？

3次元空間が曲がることと，2次元平面が球面のように曲がっていることはよく似ています。
たとえば，地球の**経線**に沿って2機の飛行機が北上すると，しだいに接近し，ついに北極で衝突しますね。

一見，どの経線も赤道と直交しているので，平行な直線のように見えます。
しかし平行に見えた2本の直線は北極や南極で交わってしまいます。
平らな面では平行な二つの直線は決して交わりませんが，曲がった面ではそんな常識は通用しないのです！

2機の飛行機は，平行にまっすぐに飛んでいたはずなのに，面が曲がっているために，自然と接近していくんですね。

そうなんです。
このような考え方は曲がった3次元空間でも同じです。
「先ほどの落下する箱の中の二つのリンゴは，曲がった空間をまっすぐ進んだために自然に接近した」。これが一般相対性理論の考え方です。
リンゴは自分たちにとっての直線に沿って進んだだけだ，と考えるわけです。

空間が曲がっているとは，なんとも不思議です。

重力は空間のゆがみが引きおこす力

重力によって曲がる光も，「2機の飛行機」と状況は同じです。
光は天体の質量がつくる曲がった空間を進むために，軌跡が曲がってしまうのです。

うーん，いまひとつイメージできません。

では，イラストにえがいてみましょう。
本来であれば3次元空間の曲がりは，3次元空間の住人である人間には，正確にイメージすることはできません。
そこで，ここでは，天体の質量によって曲がった空間を，**ゴムのシート**のような2次元の面であらわして，その近くを進む2筋の光をえがきました。

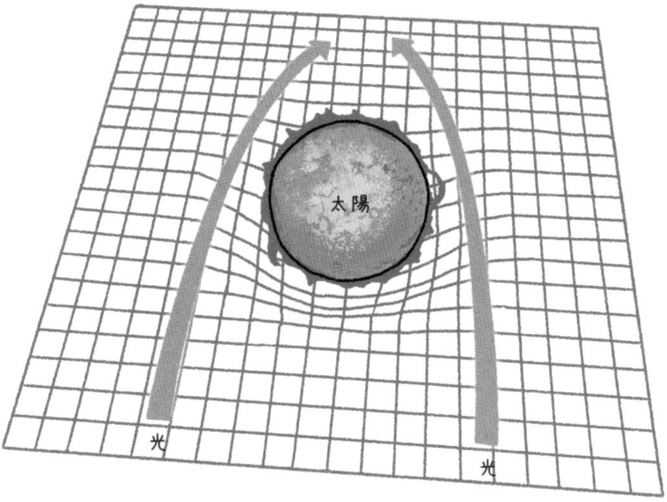

太陽のまわりで，シートがしずんでいますね。

このシートの曲がりが，空間の曲がりをあらわしています。
このゆがんだ空間を光がまっすぐ進むために，光は曲げられるんです！

なるほど。

今度は次のイラストを見てください。
これは二つの天体がそれぞれ周囲の空間を曲げているイメージです。

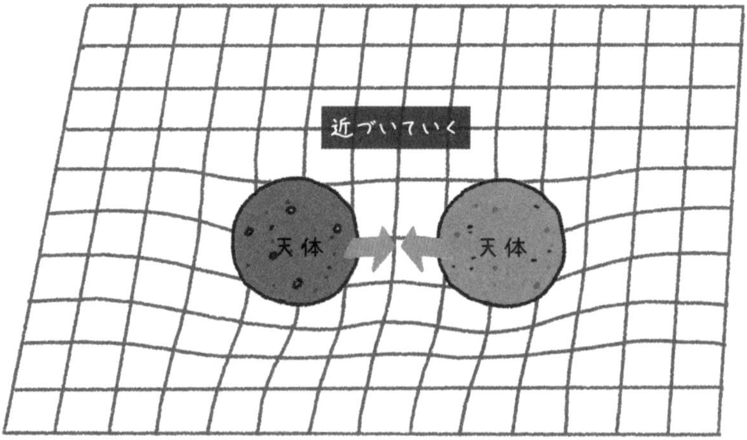

本物のゴムのシートに二つの鉛球を少しはなして置くと，ゴムのシートが伸びて曲がり，鉛球は近づいていくでしょう。
同じように二つの天体も空間を曲げて近づいていきます。これが二つの天体の間ではたらく重力の正体です。

重力の正体……。

このように重力とは，空間のゆがみが引きおこす現象なのです。
空間のゆがみは，質量が大きいほど大きくなります。**質量が空間をゆがませ，空間のゆがみが重力を引きおこすのです。**

空間のゆがみが力を生みだすのか。
とんでもないな。

空間の曲がりによって，**惑星のような天体の動き**を説明することもできます。
次のイラストを見てください。**太陽**と**地球**をえがきました。
太陽の大きな質量のために周囲の空間は，大きく曲がっています。太陽系の惑星たちは，この空間の曲がりの影響を受けるため，太陽のまわりを公転するのです。

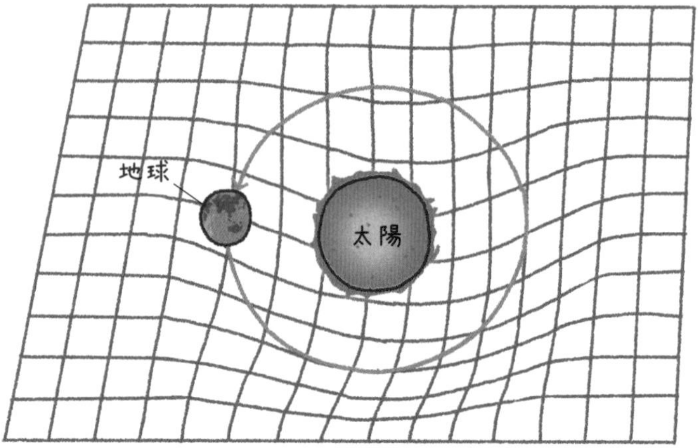

これって，すり鉢状のくぼみにビー玉を投げ入れたときに，ビー玉が斜面をまわりつづけるのに似ていますよね。

その通りです！
くぼみをまわるビー玉は空気抵抗や摩擦によって勢いを弱めて底に落ちてしまいますが，真空中を進む惑星はさえぎるものがないので，太陽の周囲をまわりつづけることができるのです。

ちょ，ちょっと待ってください。
質量をもつ物体のまわりの空間がゆがむってことは，**私のまわりの空間**も，私の体重でゆがんでいるということですか？

そうですよ。
ほら，よく見ると，体のまわりで光がすこーし曲がっているでしょう？

えーっ！　どこですか？

すみません。冗談です。
私たちの質量くらいでは空間のゆがみは小さすぎて，とても認識することはできません。
空間のゆがみを認識するためには，銀河などの巨大な質量が必要になります。

重力が強い場所ほど，時間の流れが遅い

ここまで物体の重力と空間について主に見てきました。
今度は**重力と時間**の関係を見ていきましょう。
STEP1でお話ししたように，空間と時間は結びついているんです。

ということは，もしかして物体によって空間が曲がると，時間にも影響が出る……？

そうなんです。
質量をもつ物体があると時間が遅くなるのです。

どひゃー！

次のイラストを見てください。
天体の重力によって曲がる光を，はなれた場所から見た光景です。

天体のまわりで空間がゆがんでいるんですね。

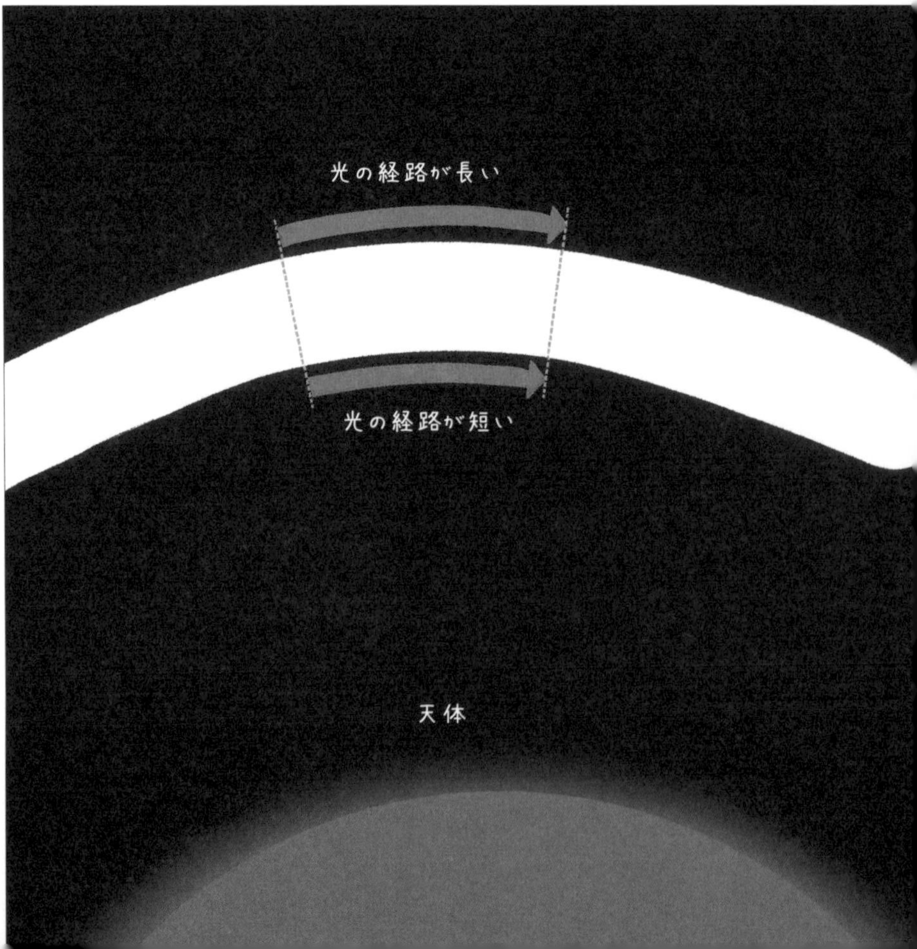

そうです。
ここで重要なのは，それぞれの光の経路に差があるということです。たとえば短距離走では，インコースのほうがアウトコースにくらべて距離が短くなります。
同じように，空間のゆがみにそってカーブする光も内側に近いほど進む距離が短くなっています。

えっ!?
内側の光にくらべて，外側の光は長い距離を進まないといけないわけですか……。
それって光の外側のほうがスピードが速いってことになりませんか？　光速度不変の原理は？

鋭いですね！
そうです。**遠くにいる観測者**から見ると，光の内側と外側で，光速はちがって見えるんです。
一方で**光の帯のすぐそばの観測者**から見ると，目の前の光はあいかわらず秒速30万キロメートルで直進します！

えー，どこから見るかで変わるんですか？
一体なぜそんなことがおきるんですか？
不思議すぎです。

実は天体に近い場所では，時間がゆっくり進むのです。

時間がゆっくり進む〜!?

ええ。

一般相対性理論では，恒星に近くて重力が強い場所では時間がゆっくり流れると考えるんです。

そのため，遠くにいる観測者から見ると天体の近くでは，光がゆっくり進むように見えるのです。

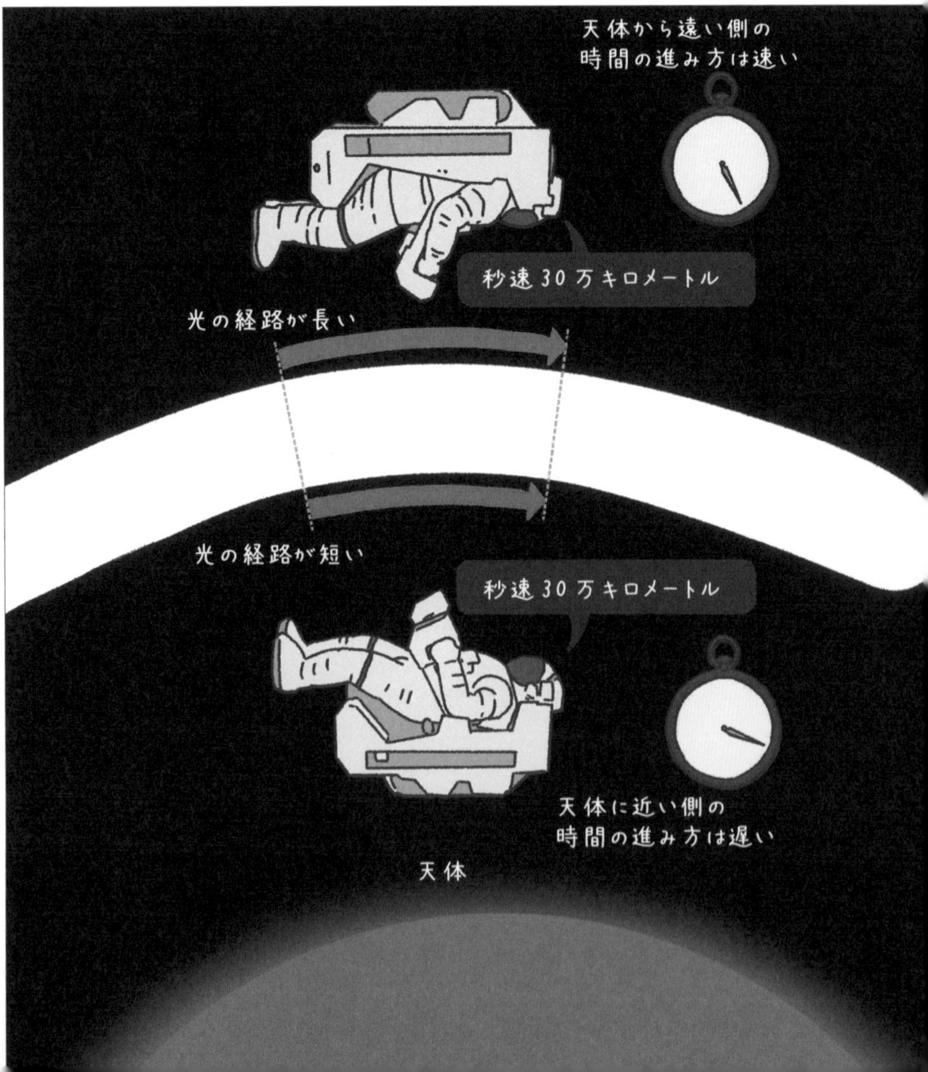

重力が強い場所ほど，時間がゆっくり進む。
なんだか信じられない……。

このように一般相対性理論によると，物体の質量によって空間が曲がるだけでなく，時間の進み方も影響を受けます。
そこで質量によって**時空が曲がる**という表現がよく使われます。

時空の曲がりをあらわす「アインシュタイン方程式」

さて，時空の曲がりを，アインシュタイン自身は理論の中でどのように表現したのかを簡単に紹介しましょう。

ふぅむ。気になりますね。

アインシュタインは，一般相対性理論を発表した論文の中で，時間と空間，重力の関係を，一つの方程式にまとめました。それが**アインシュタイン方程式**です。

アインシュタイン方程式？

アインシュタイン方程式は，質量をもつ物のまわりの時空の曲がりを表現するために，**リーマン幾何学**を使ってつくられたものです。
リーマン幾何学は，「リーマン空間」とよばれる曲がった空間をあつかう数学です。

ぐぬぬぬ。
そもそもニュートンの重力と，何かちがうんですか？

ニュートンは，時間と空間は決して伸びたり縮んだり，曲がったりしない，絶対的なものだと考えていました。そして重力は，絶対的な時間と空間の中で，二つの物の質量に応じてはたらく力だと考えていたのです。

ニュートンの万有引力の法則

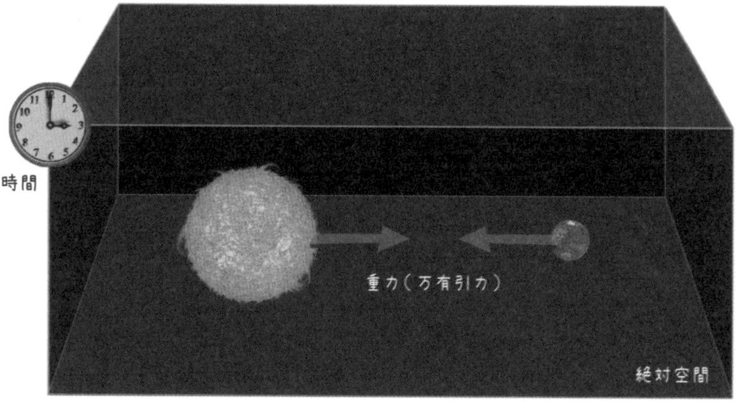

ニュートンの考える重力（万有引力）は，変化することのない絶対的な時間と空間の中で，質量をもつ物の間に，質量に応じてはたらく力です。

$$F=-G\frac{Mm}{r^2}$$

質量　質量

重力（万有引力）　万有引力定数

距離

※万有引力の法則の式にあるマイナスの符号は，重力（万有引力）のはたらく「方向」であり，引力であることをあらわしています。

ふむふむ。

これに対してアインシュタインは，重力は時空の曲がり（空間の性質）であり，物質とエネルギーの分布とつり合っていると考えました。
前にお話しした「$E=mc^2$」でわかるように，物質とエネルギーはたがいに変換できることから，重力は物質の分布とつり合っている，あるいは，エネルギーの分布とつり合っているということもできます。

ニュートンは時間と空間は絶対的なものと考え，アインシュタインは，重力とは時空の曲がりである，と考えたんですね。

その通りです！
アインシュタイン方程式をごく簡単に表現すると，次のようになります。

ポイント！

アインシュタイン方程式

（時空の曲がり）＝（定数）×（物質とエネルギーの分布）

この式は，時空の曲がりと，物質とエネルギーの分布が相互作用することをあらわしています。
つまり「物質とエネルギーの分布が変化すると，時空の曲がりが変化する」のです。

アインシュタインの一般相対性理論

時空（時間と空間）

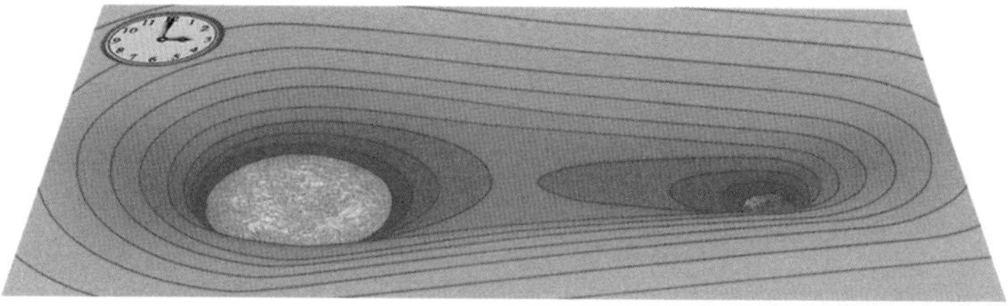

重力は時空の曲がり

アインシュタイン方程式

円周率　万有引力定数

$$R_{ik}-\frac{1}{2}g_{ik}R=\frac{8\pi G}{c^4}T_{ik}$$

光速

時空の曲がり（どのくらい時間が遅れ，どのくらい空間が曲がっているのかをあらわす。この部分が重力に相当する）

定数

物質とエネルギーの分布

そしてこの時空の曲がりこそが，アインシュタインの考えた重力の正体なのです。

ポイント！

アインシュタインの考えた重力

重力の正体は，時空のゆがみである。

STEP 3

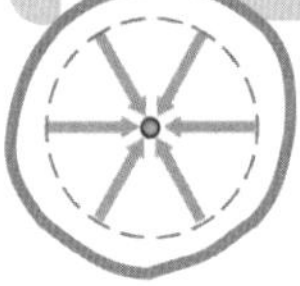

重力波と ブラックホールの観測

相対性理論は，宇宙についてのさまざまな発見をもたらしてきました。中でも大きな発見となった,「重力波」と「ブラックホール」について，見ていきましょう。

一般相対性理論が予言した時空のさざなみ「重力波」

ここからは一般相対性理論によって明らかになった宇宙の話題をいくつか紹介しましょう。

宇宙！

よろしくお願いします！

一般相対性理論によると，質量をもつ物体の周囲では時空がゆがみます。

そこからアインシュタインは，重力波の存在を予言していました。

じゅうりょくは？

重力波とは，時空の伸び縮みが波となって周囲に広がっていく現象です。

一般相対性理論によると，ブラックホールや中性子星のような超高密度な物体が動くと，時空のゆがみが水面上に広がる波のように周囲に広がっていくことになります。

時空のゆがみが波のように広がる!?

ものすごい現象ですね。
どれくらいの速度で広がっていくんですか？

重力波は，空間をゆがめながら，光速，すなわち秒速約30万キロメートルで進みます。

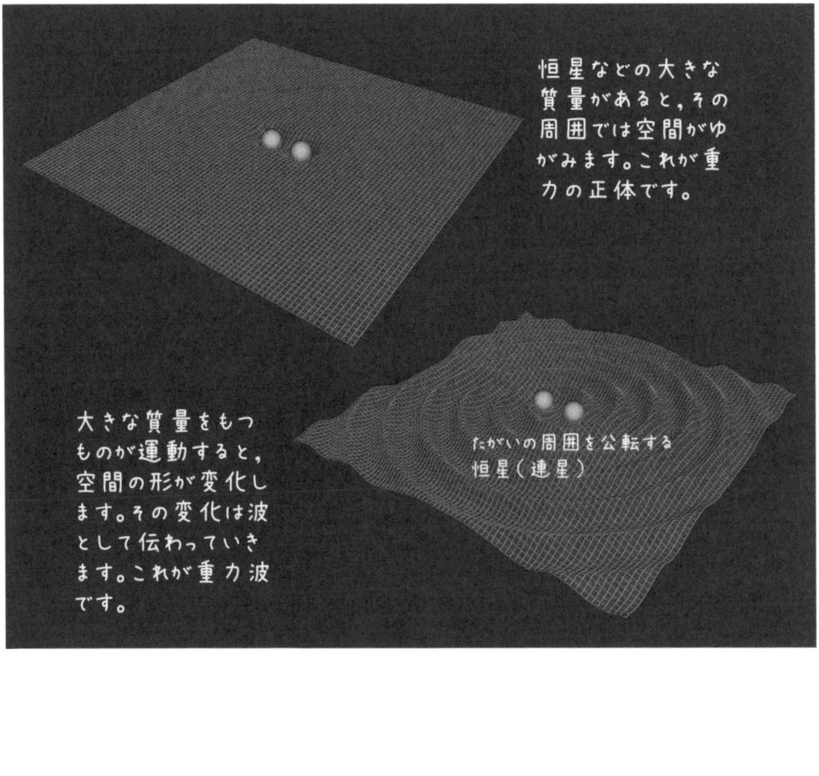

重力波がもし地球に伝わってきたら，私たちのまわりの時空もゆがむんですか？

そうです。
ただし，「ブラックホール」や「中性子星」といった，非常に大きな質量をもった天体が衝突するというような，宇宙規模で見てもまれな大イベントが，地球から数億光年先でおきたとしても，そのときの空間の伸び縮みは，地球から太陽までの距離（1億5000万キロメートル）に対して，**水素原子1個分**（1.5×10^{-10}メートル）程度でしかありません

どっひゃー，小さすぎます！
そ，そんなの気づけるはずありませんよ！

ええ，このように重力波が伝わってきても，ごくごく微小な影響しかおよぼさないんです。
実際，重力波の存在を予言したアインシュタインでさえ，「実際に観測することは不可能だろう」と考えていました。
長い間，重力波を観測することはできず，**アインシュタイン最後の宿題**ともよばれていました。

ずいぶんむずかしそうな宿題ですね。

しかし，一般相対性理論の提唱から100年目の2016年2月，なんと，その宿題が解かれたのです。
アメリカの重力波観測装置LIGOが，重力波の直接観測に成功したんですよ。

すっげー！

解析によると，このとき観測された重力波は，たがいの周囲をまわる二つのブラックホールが徐々に近づき，その後，衝突・合体するときに生じたと考えられています。
衝突したブラックホールの質量はそれぞれ，太陽の36倍と29倍であり，これらが合体することで，太陽の62倍の質量をもつブラックホールになりました。

……ん？　36+29＝65だから，65倍のまちがいじゃないですか？

いいえ，合体後は太陽の62倍の質量にしかなっていません。
この欠けた太陽三つ分の質量が，$E=mc^2$にもとづいて膨大なエネルギーに変換され，重力波として放射されたというわけです。

な〜るほど！
このときの重力波によって，地球の空間はどれくらいゆがんだんですか？

観測された空間のゆがみは，最大でも**1ミリメートルの1兆分の1のさらに100万分の1程度**でした。重力波の解析の結果，発生源は大マゼラン銀河の方向，地球から**約13億光年先**の場所だと考えられています。

光でも13億年かかる距離から重力波が届いたってことですか……。
気が遠くなりますね。

重力波が新たな天文学を切り開く

さて，この重力波の観測は，**新たな天文学**の幕開けでもあります。
重力波を観測することで，宇宙に関するさまざまな新しい知見を得られると期待できるのです！

新たな天文学？
どういうことですか？

重力波の大きな特徴は，あらゆるものを透過するということです。
これまでの天文観測はほぼすべて**光（電磁波）**によるものであり，そこには限界がありました。たとえば恒星の大爆発である**超新星爆発**の瞬間の内部のようすを電磁波で“透視”することはできません。恒星の外層に阻まれて，恒星の内部で放たれた電磁波は地球に届かないからです。

ほう！　ところが重力波なら，地球に届くということですね！

そうなんです。
あらゆる物体をすり抜けて伝わるという特徴をもつ重力波をとらえれば，電磁波とはまったくことなる原理で宇宙をのぞくことができるようになります。

そのため，これまでの天文観測では得られなかった，**超新星爆発**のメカニズムについての情報や，138億年前の宇宙誕生直後におきたと考えられている**急膨張**（インフレーション）などに関する情報を手に入れられると考えられているんです。

ほーっ，重力波の観測によっていろんな新しいことがわかりそうなんですね。
宇宙が誕生した直後についても情報が得られるんですか？

そうなんです。
遠くの宇宙の光は時間をかけて届きますから，天体観測では，遠くを見ることは過去を見ることと同じです。
たとえば，10光年先の天体からの光は，10年をかけて地球に届きますから，今見ているその天体の姿は10年前のものということになります。

なるほど。
遠くを見れば見るほど，過去の姿ということになるわけですね。
それじゃあ，めちゃくちゃ遠くを見れば，宇宙が誕生した直後の様子が見えるのでしょうか？

原理的にはそうなります。**しかし，誕生から37万年後より前の宇宙は，光で見通すことができません。**
宇宙誕生から約37万年後までは，電子と原子核がバラバラの状態（プラズマ）で宇宙を満たしており，雲がかかったような状態だからです。

宇宙誕生から37万年より前の光は，地球に届かないのでしょうか？

はい，そうです。
しかし，重力波はちがいます。重力波はすべてを透過して地球に届くため，誕生直後の遠方の宇宙まで観測ができると考えられています。

なるほど！　重力波すごい！

宇宙は，誕生直後に，1秒よりもはるかに短い時間で，その大きさが何十桁も大きくなるという急激な膨張をおこしたと考えられています。この現象は**インフレーション**とよばれます。
この急激な空間の膨張の期間に，さまざまな波長をもった重力波が発生したと考えられています。この重力波は，**原始重力波**とよばれます。

げんしじゅうりょくは……。

原始重力波をとらえることができれば，インフレーションがどのようにしておき，その後の宇宙の進化にどのような影響をあたえたのかについての情報を得ることができると期待されています。

ぜひ観測してほしいですね！

光（電磁波）を用いた天体観測によって，天動説から地動説への宇宙観の大転換がおきたように，重力波という新たな道具によって，今後，私たちの宇宙観は大きく塗り替えられることになるでしょう。

重力波はどこで観測するんでしょうか？

現在，世界各国で重力波観測網が整備されつつあります。たとえばヨーロッパでは，重力波観測装置**Virgo**が稼働しています。
2020年3月までにLIGOとVirgoによって**91件**の重力波が観測されています。

おー，すごいですね。

日本でも，岐阜県神岡鉱山の地下に建設された**大型低温重力波望遠鏡KAGRA**によって，2020年2月から観測が行われています。
さらに，宇宙に重力波検出器を打ち上げる**LISA**や，月面での重力波観測所など，野心的な計画が進められていますよ。

重力があまりにも大きな天体「ブラックホール」

ここからは，一般相対性理論にもとづいて**理論的に存在が予言**された，奇妙な天体**ブラックホール**についてお話ししましょう。

ブラックホール！
なんでも吸いこむ天体ですよね！

そうです。
ブラックホールとは，あまりにも重力が大きく，物を無限に吸いこむ天体です。
さらに，ブラックホールに光が吸いこまれると，光は2度と外に出ることはできません。

光さえも逃げられない……。
怖いですね。
そんな天体，いったい，どうやって考えだされたのでしょうか？

アインシュタインが一般相対性理論を完成させた1916年，ドイツの数学者カール・シュバルツシルト（1873～1916）が，完成間もない一般相対性理論をもちいて，恒星の表面近くや，その内部の重力について計算する式をみちびきました。

そのシュバルツシルトの解からは**一つの結論**がみちびかれました。
それは，恒星の質量を中心の領域に集中させていくと，ある限界を超えたとき，その内部から光さえも脱出できないほど極端に時空が曲がり，重力が強くなる領域ができあがるというものです。

その領域がブラックホール，ということでしょうか？

そうです。
この光すら脱出できなくなる球状の領域の境界は**事象の地平面**，その球の半径は**シュバルツシルト半径**とよばれています。ブラックホールは，事象の地平面の内側の空間全体をさす言葉なんです。
さらに，ブラックホールの中心には**重力と密度が無限大**の**特異点**があらわれます。

重力と密度が無限大!?
とんでもないですね。

特異点はほんとうにとんでもない存在です。
特異点は物理法則の限界をあらわしています。多くの科学者は，そんな天体が実在するはずはないと考えました。相対性理論の生みの親であるアインシュタインでさえもそうでした。
ところが，その後の研究の進展により，1960年代には，多くの科学者たちはその存在を信じるようになりました。

重力の正体は，時空のゆがみだった

現在，太陽よりも25倍程度以上重い，重量級の恒星が最後を迎えるとブラックホールができると考えられています。

ブラックホールは，恒星の死んだあとの姿なんですね。

そうです。
恒星が燃え尽きると，恒星の中心部はみずからの重力で収縮をはじめます。恒星の中心部での重力はあまりに強いため，1点につぶれると考えられています。
その結果，中心には**特異点**が生じます。
この特異点こそブラックホールの本体です。

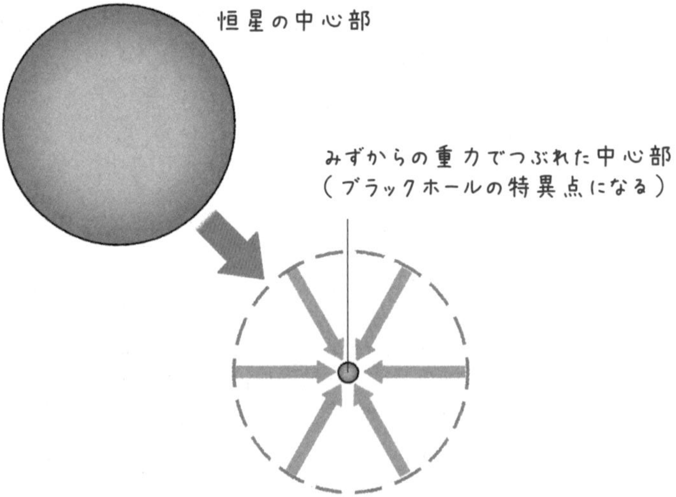

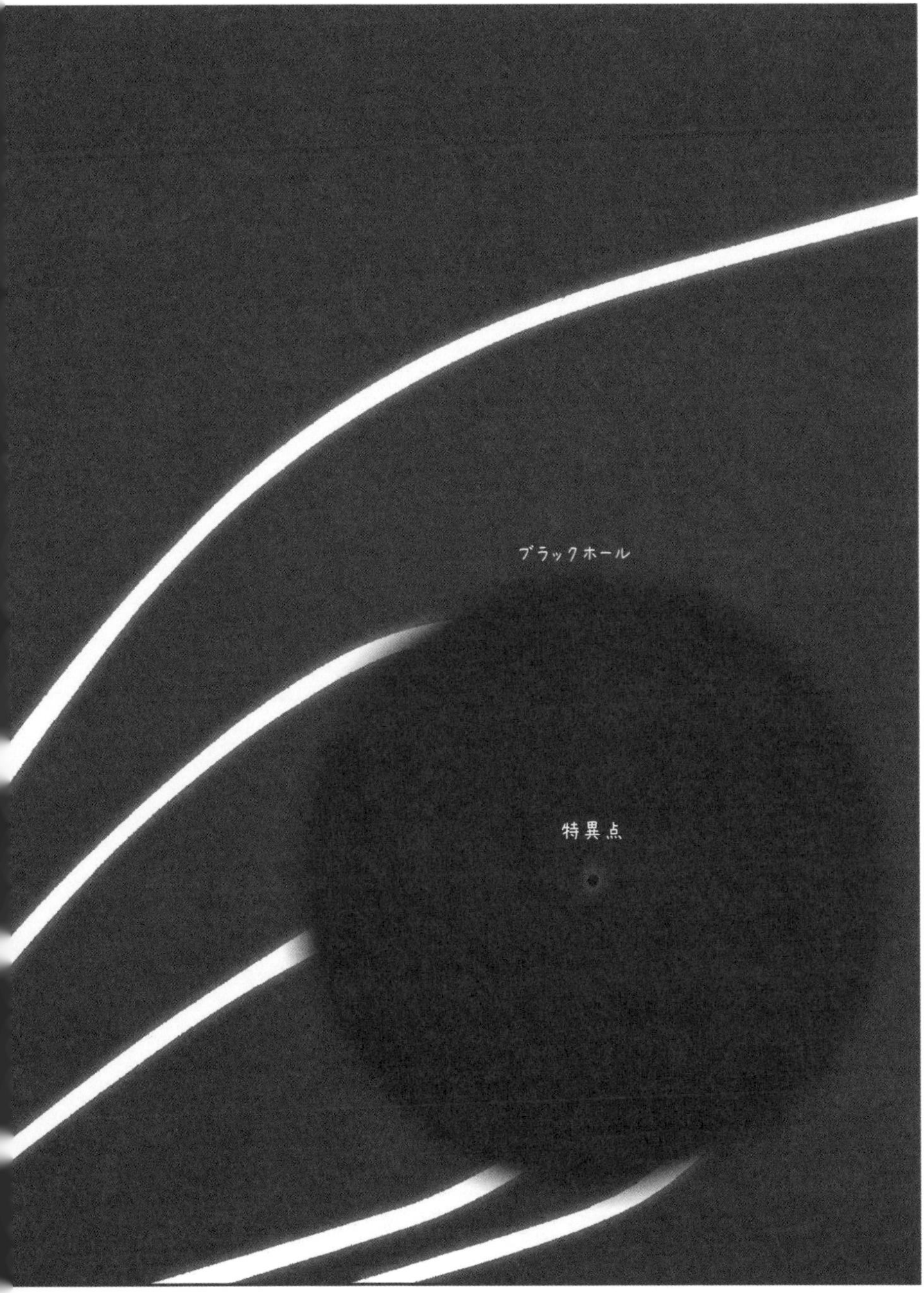
ブラックホール
特異点

さらに銀河の中心には，恒星の100万倍以上もの質量をもつ**巨大ブラックホール**が存在すると考えられています。
巨大ブラックホールはどのように形成されたのか，まだはっきりとわかっていません。

恒星の100万倍！
とんでもないでかさ！

ブラックホールの候補天体が見つかった

ブラックホールの候補となる天体がはじめて観測されたのは，ドイツの数学者カール・シュバルツシルト（1873～1916）が，ブラックホールの存在可能性を示す計算を行ってから実に半世紀近くたった，1971年のことです。

理論的に予言されたあと，50年近くたってから，実際にブラックホールの候補が観測されたんですね。

はい。それまでの研究から，ブラックホールに吸いこまれる直前の物質からは，強力な**X線**が放射されているはずだと考えられていました。
そして1971年，NASA（アメリカ航空宇宙局）が打ち上げたX線衛星**ウフル**が，太陽から約7300光年の距離に強力なX線源を観測することに成功したのです。
それが，**はくちょう座X-1**です。

約7300光年……！
とんでもない距離だなぁ。

しかし宇宙にはブラックホール以外にも，中性子星などX線を出す高温で重力の強い天体はたくさんあります。
ブラックホールと断定するには，そのX線源が十分に重くて，コンパクトである必要がありました。

ふむふむ。

はくちょう座X-1を観測したところ，この天体は太陽の数倍以上の質量があることがわかりました。残るはこの天体が十分にコンパクトであれば，ブラックホールということになります。

なるほど。

ブラックホールに落ちこむ物質は，常に一定の量が落ちこんでいるわけではなく，たまっては落ちこみ，たまっては落ちこみをくり返します。そのたびにX線の強度が変動します。この変動周期が短ければ短いほど，非常に小さな重力源があるということになります。
観測の結果，はくちょう座X-1はX線の強度が非常に短時間で変動していることが明らかになりました。そしてこの天体は，ブラックホールと，ガスをはぎ取られつつある恒星からなっている（連星）と結論づけられたのです。**こうしてブラックホールの存在は，ほぼ確実なものとなりました。**

おぉ～！
大発見ですね！

ええ。はくちょう座X-1の発見以降，このようなブラックホール候補天体は多数発見されているんですよ。

ブラックホールの撮影に成功！

ブラックホールの存在は，ほぼ確実だと考えられていました。しかし，**長い間，実際にブラックホールの姿を直接とらえることはできませんでした。**

だれも直接見たことがなかったんですね。

そうです。しかし2019年4月。人類はついに，その姿をとらえることに成功しました！
2017年に観測が行われたのち，長きにわたるデータ解析の結果，ブラックホールの姿が浮かび上がったのです。

このとき観測されたのは，地球からおよそ5500万光年の距離にある，**M87**という銀河の中心に存在する**超巨大ブラックホールの影（ブラックホールシャドウ）**です。
それが，次の画像です。

おー，中央にブラックホールの影がしっかり写っていますね。
周囲の明るい部分は何なんでしょうか？

それは**光子リング**といい，ブラックホールの近くを通る光が，重力によって進路を曲げられ，ブラックホールのまわりをぐるぐると周回するようになったものです。

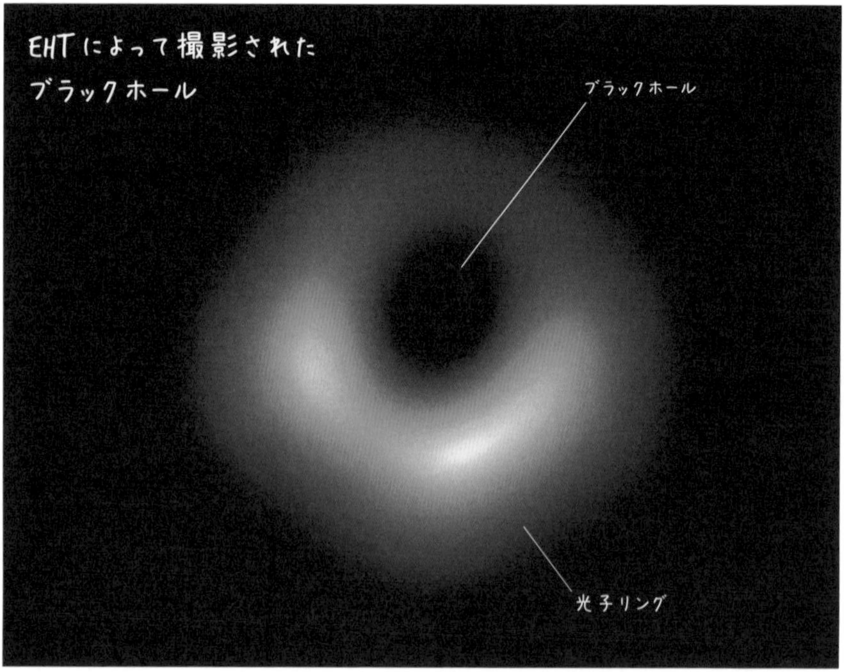

ブラックホールの重力によって，光がぐるぐる周回しているわけですね。
この画像はどうやって撮影されたんですか？

この画像の撮影に成功したのは，**イベント・ホライズン・テレスコープ**（Event Horizon Telescope：EHT）という電波干渉計です。
電波干渉計とは，何台もの電波望遠鏡を組み合わせ，1台の巨大な電波望遠鏡を構成する手法です。
EHTは国際的なプロジェクトで，地球上に散らばる6地点8台（2017年時点）の望遠鏡を用いて，波長1.3ミリメートルの電波を観測するんです。

世界中の望遠鏡が協力して，ブラックホールをとらえることに成功したわけですね。

ええ。
驚くべきはEHTの“視力”です。なんと**300万**にもなるんです。
視力300万とは，大阪に置かれた髪の毛の太さを，東京からはかれるほどの超高精度です。

どひゃー！
ちょっと，想像もつきません。
私の視力は1.0だから，くらべものになりませんね。

ただし，EHTが観測できるのは，複数の望遠鏡で同時に観測できる位置にあり，かつ明るい天体にかぎられます。
EHTに最適な観測対象は，このM87の超巨大ブラックホールと，私たちが住む天の川銀河の中心にある超巨大ブラックホールです。

私たちが住んでいる天の川銀河にもブラックホールがあるんですか？

そうですよ。天の川銀河の中心に大きなブラックホールがあります。
2022年5月，EHTはこのブラックホールの撮影にも成功したことを発表しました。
この観測結果により，私たちの天の川銀河の中心にひそむ超巨大ブラックホールの実態が，今後明らかになっていくことでしょう。

すごい！　どんなことがわかるか，ワクワクしますね！

偉人伝❷

物理学を一変させた，アルバート・アインシュタイン

アルバート・アインシュタインは1879年，ドイツのウルムに生まれました。子供のころのアインシュタインは，ひとり遊びが好きで，友達とはあまり遊ばなかったようです。数学に興味をもつようになり，16歳までに微分と積分を独学で勉強しました。

奇跡の年がおとずれた

1895年，アインシュタインは，チューリッヒにあるスイス連邦工科大学を受験しました。数学と自然科学の成績はよかったものの，言語や歴史の成績が悪かったため，試験は不合格でした。その翌年に再度受験し，無事合格します。大学では電気工学と物理学を学びました。

大学卒業後は特許局に勤めました。仕事のかたわらに，研究に打ちこみました。そして1905年，物理学を一変させる理論「特殊相対性理論」を発表します。これは時間の進み方や空間の長さは，動いている人や物の速さに応じて伸び縮みすることを明らかにした理論です。特殊相対性理論によると，高速で移動している人の時間は遅くなり，さらに空間が縮むことになります。

アインシュタインが1905年に発表した革命的な論文はこれだけではありませんでした。ノーベル賞の受賞理由となった「光粒子仮説」や，「ブラウン運動の理論」など，5本の論文をたてつづけに発表したのです。1905年は，「奇跡の年」とよばれています。

さらに1915～1916年には，特殊相対性理論を発展させて，「一般相対性理論」を完成させました。これは，重力が時空（時間と空間）のゆがみによって生じると考える理論です。

そのほかにもアインシュタインは，宇宙論や量子力学などの研究にも取り組みました。そしてある時期から，重力と電磁気力を統一する「統一理論」の研究に没頭しはじめますが，結局それを成し遂げることはかないませんでした。

平和活動を推進

1933年，ナチスのユダヤ人弾圧がはじまったため，アインシュタインは，ドイツを出国し，アメリカに亡命します。そしてナチスの脅威を背景に，アメリカ大統領に原子爆弾の開発を進言する手紙に署名しました。

戦後，手紙に署名したことをアインシュタインはひどく後悔し，軍縮を訴えるなど，平和活動を行いました。1955年4月11日，哲学者ラッセルとともに核兵器廃絶を訴える宣言に署名します。そしてその月の18日，アインシュタインは76歳で心臓病のため死去しました。

3
時間目

重力は，現代物理学最大の謎

STEP 1

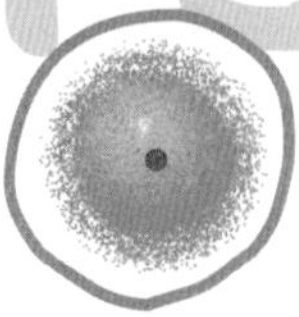

謎に包まれた「ミクロな世界の重力」

一般相対性理論だけでは説明できない「ミクロな世界の重力」。ここでは，ブラックホールの深部や誕生時の宇宙といった，現代物理学が抱える重力の謎にせまります。

相対性理論では説明できない「ミクロな世界の重力」

アインシュタインが提唱した一般相対性理論は，重力をめぐるさまざまな現象を非常にうまく説明できました。
しかし，この宇宙にはまだ，重力と深く関係する大きな謎が数多く残されています。
重力の正体はいぜんとしてはっきりしていないといえるでしょう。

えー，重力の正体は，時空のまがりということで決着が着いたと思ったのに……。
どういう謎が残されているんでしょうか？

たとえば，一般相対性理論では，ブラックホールの深部や誕生時の宇宙など，**ミクロな世界での重力**がうまく説明できません。

相対性理論では，ブラックホールの深部や，宇宙誕生の謎を解き明かすことはできないんですか？

はい，**ブラックホールの深部や宇宙誕生時には，ものすごく大きな重力が，ごくごく小さな世界に押しこめられていると考えられています。**
しかし，一般相対性理論では，そのような重力についてうまく計算することができません。

うぅむ。

そこで研究者たちは，これらの究極の難問にせまる可能性を秘めた理論の完成を目標にしています。
そのためには，現代の物理学の土台となっている**二つの理論**を融合させる必要があると考えられています。
それが，**一般相対性理論**と**量子論**です。

りょ，りょうしろん？

量子論とは，原子や，それ以上分割できない電子や光子といった素粒子のような，**ミクロな世界**を支配する法則についての理論です。
量子論は，原子や素粒子が主役となるミクロな世界では，あらゆるものが**ゆらいで**しまうことを明らかにしました。そのため，素粒子の居場所と速度を同時に決めることはできません。
また，ミクロな世界では，物質が波のような性質をもったり，一つの物質が同時に複数の場所に存在したりと，私たちの常識では考えられないような現象がおきます。

ひぇー，むずかしそうな理論ですね。

とにかく量子論は小さなものを取りあつかうための理論ってことですね。

ええ，その通りです。

一方，時空の理論である一般相対性理論は，主に**マクロな（巨視的な）世界**をあつかう理論だといえます。

通常の私たちが生活しているスケールでは，一般相対性理論の効果はほとんど見えてきませんが，宇宙規模になると，一般相対性理論が大きく影響してきます。

このように量子論とは守備範囲がまったくことなります。

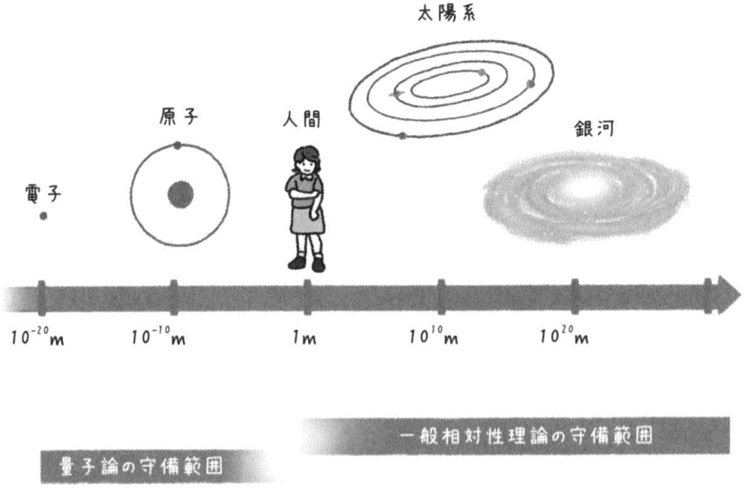

ブラックホールとか銀河とか，強大な重力とか，たしかに一般相対性理論が対象とするのは，大きなマクロの世界でしたね。

そこで，量子論と一般相対性理論の二つを“融合”することができれば，自然界のあらゆる現象を説明できる**究極の理論**になると期待されています。

一般相対性理論と量子論を融合させた究極の理論！
すごそうですね！

この2大理論を融合した理論は仮に**量子重力理論**とよばれ，現在の理論物理学者たちの**最大の目標**の一つになっています。
しかしその道のりは非常にけわしく，数十年にもわたる理論的な研究を経ても，いまだ完成にはいたっていません。

うぅむ。
やっぱりむずかしいんですね。

一般相対性理論と量子論を融合した理論は，とくに**ミクロな時空**を考えるときに必要になります。
ブラックホールの中心や宇宙のはじまりでは，膨大な質量がミクロな領域に押しこめられています。このような時空について考えるときに，二つの理論を融合した理論が必要なのです！

ミクロな世界ではすべてがあやふや

ここで少し脱線しますが，量子論とはどういう理論なのか，簡単に紹介しておきましょう。
先ほどのべたように，量子論は，ごくごく小さなミクロな世界の物質のふるまいなどを記述する理論です。
量子論はイメージするのがむずかしい理論です。なぜなら，**量子論があつかうミクロな世界では，物質が私たちの常識とはあまりにことなるふるまいをし，そのすべてがあやふやなものだからです。**

私たちの常識とはことなるってどういうことなんでしょうか？

量子論を理解するうえでとても重要なポイントを二つ紹介しましょう。
まず，一つ目は**波と粒子の二面性**です。

波と粒子？　二面性？

量子論によると，電子などのミクロな物質や光は，**波の性質**と同時に**粒子の性質**をもっているんです。

どういうことですか？
粒子ってツブってことですよね？　それから波って海でおきるアレですよね。
波と粒子ってまったくちがうもののような気がするんですが。

私たちの常識では波は広がりをもつものであり，粒子は特定の1点に存在するもので，たがいに相容れないものです。

しかし量子論が語るミクロな世界では，**光や電子などが，まるで白と黒の二面をもつオセロのコマのように，「波の性質」と「粒子の性質」の両方をもっているんです。**

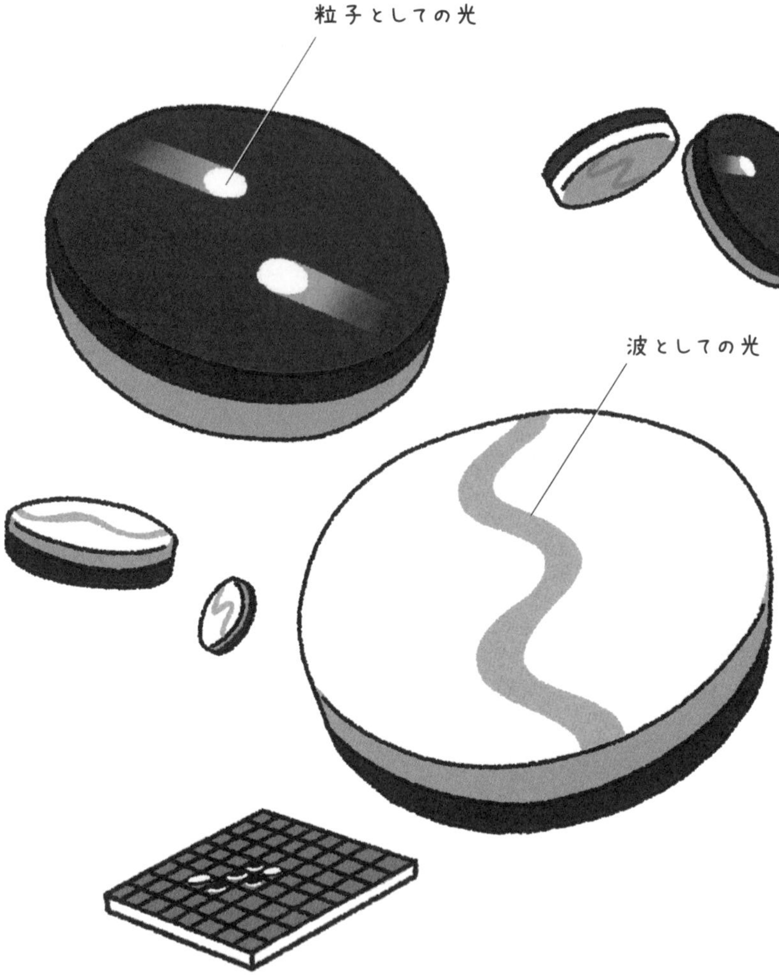

……あ！　つまり電子が波を打って飛んでいるということでしょうか？

いいえ，ちがいます。

電子という1個の粒子が，同時に波でもあるということです。

ちょっとイメージできないんですが……。

ポイント！

量子論のポイント①

波と粒子の二面性

ミクロな物質は波の性質と粒子の性質の両方をあわせもっている。

さて，量子論のポイント二つ目は，**状態の共存**です。

じょうたいのきょうぞん？

ミクロな世界では，一つの物が同時に複数の場所に存在できるんです。

これが状態の共存です。あるいは**状態の重ね合わせ**ともいいます。

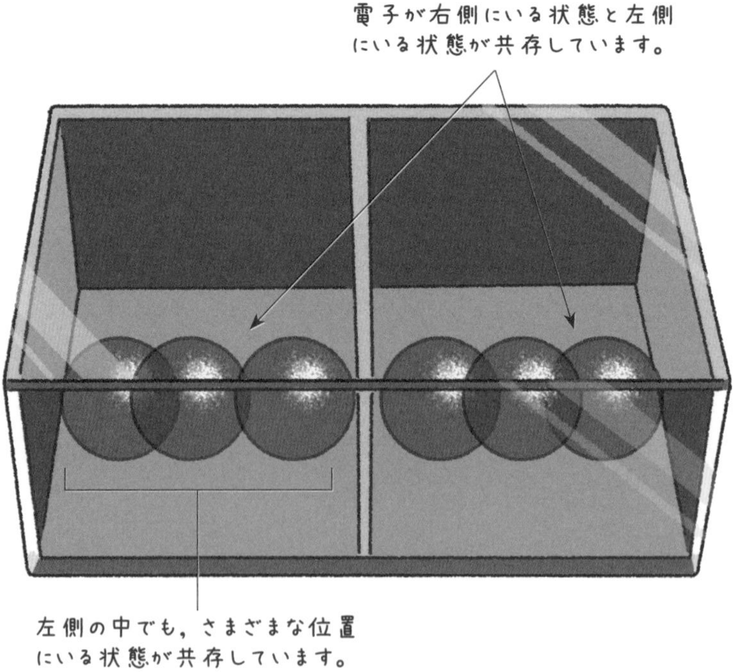

一つのものが複数の場所に存在!?
まるで**忍者の分身の術**のようですね。一つの物が分身するなんて，いくらなんでも実際にはおきないでしょう。

たしかに不思議に思えますが，ミクロな世界では実際にそのような現象がおきているのです。

ポイント!

量子論のポイント②

状態の共存

ミクロな世界では，一つの物が複数の場所に同時に存在する。

「波と粒子の二面性」と「状態の共存」は実験的にもたしかめられていて，量子論で最も重要な性質といえます。

両方とも，ぜんっぜんイメージできません。

量子論を理解するためには，ミクロな世界ではこのような私たちの感覚とはかけはなれた現象がおきていることを，まず受け入れる必要があります。
「波と粒子の二面性」や「状態の共存」は量子論を支える2本の柱です。これをベースにして，量子論の誕生以前と以後では，さまざまなものの見方が一変しました。その一例をいくつか紹介しましょう。まずは**原子の姿**です。

原子の姿？

たしか原子は原子核のまわりを電子がまわっている姿をしているんですよね？
中学校でもそのように習った記憶がうっすらとあります。

量子論以前の水素原子のイメージ

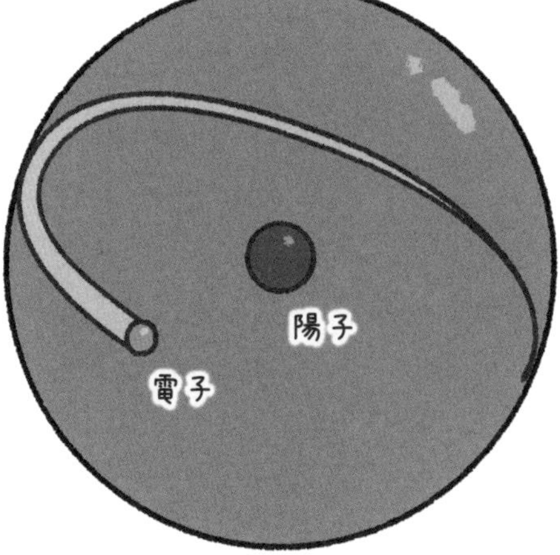

たしかに一般的に原子はそのようにえがかれますね。**しかしそれは，量子論が誕生する前の考え方をもとにしたもので，厳密には正しいとはいえません。**電子は原子核の周囲をまわってなどいないんです。

ええっ！　太陽のまわりを惑星がまわっているっていうようなイメージだったんですが，ちがうんですか!?
じゃあ，ほんとうの原子の姿ってどうなっているんです？

量子論にもとづいた，より正しい原子の姿をイラストにすると，**原子核のまわりを“電子の雲”が取り巻いているものになります。**

量子論による水素原子のイメージ

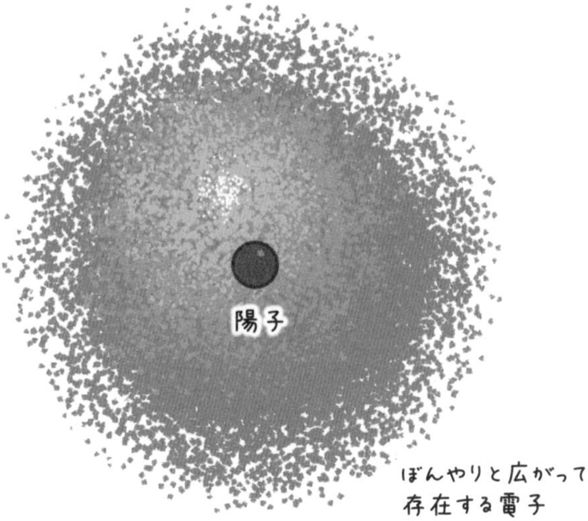

うわー，こんなの見たことない！

原子のしくみなどを説明するには，先ほどのイラストのほうが都合がよいことが多くあり，現在でもよく使われています。しかし実際には，こちらのほうがより正しい姿なんです。

ふぅーむ。
以前の姿とは全然ちがいますね……。

量子論が明らかにした，ミクロな世界の不思議な事実はまだまだあります。
たとえば，**真空では物質が生まれたり消えたりしているんです。**

何もないはずの真空中でも，二つの粒子がペアになって生まれたかと思えば（対生成），すぐに消滅するんですよ（対消滅）。

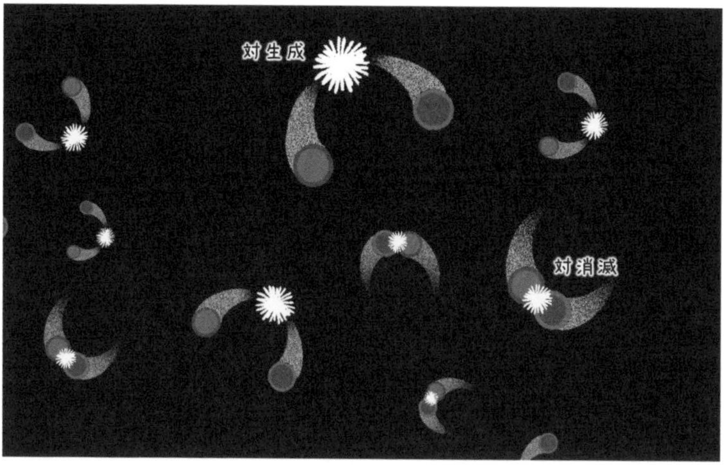

真空って何にもない，**カラッポの空間**ですよね？
幽霊じゃあるまいし，物質が生まれたり消えたりするはずがないじゃないですか！

たしかに受け入れがたいかもしれませんね。

でも，量子論は真空に対するそれまでの見方を根本的に覆して，真空で物質が誕生することもあることを明らかにしました。

量子論，不思議すぎる……。

それから，量子論によって「電子などのミクロな物質は，壁をすり抜けることができる」ということもわかりました。これは**トンネル効果**とよばれています。
野球のボールを壁に当ててもはね返ってくるだけですが，電子の場合は壁をすり抜けて反対側にあらわれることがあるのです。

こえられないはずの山を“すり抜ける”電子

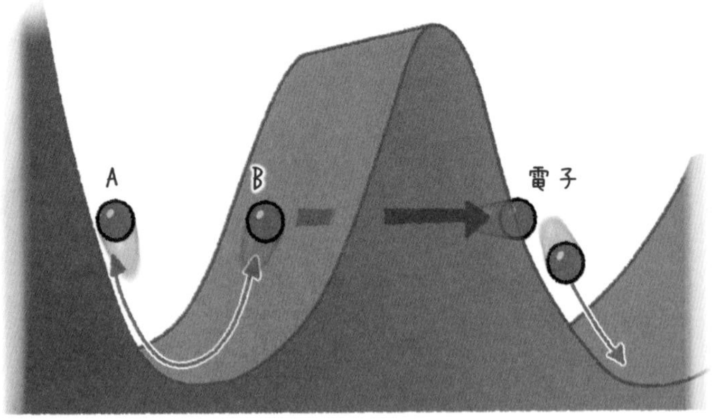

普通のボールなら，
AとBの間を
行ったり来たり……。

電子は山を“すり抜ける”
ように見えます。

ますます幽霊みたい！

宇宙はごくごく小さな「特異点」から生まれた？

先生，宇宙の謎を解くには，量子論と一般相対性理論の融合が必要とのことでしたが，具体的に宇宙には，どういう謎が残されているんでしょうか？

たとえば，宇宙誕生の謎です。

宇宙誕生……。
そもそも宇宙には，はじまりがあるんですか？

はい，宇宙は今から138億年前にごくごく小さな**特異点**からはじまったと考えられています。
現在の宇宙空間は膨張していることがわかっています。
これはすなわち，時間を過去にさかのぼるほど，宇宙は小さかったということです。

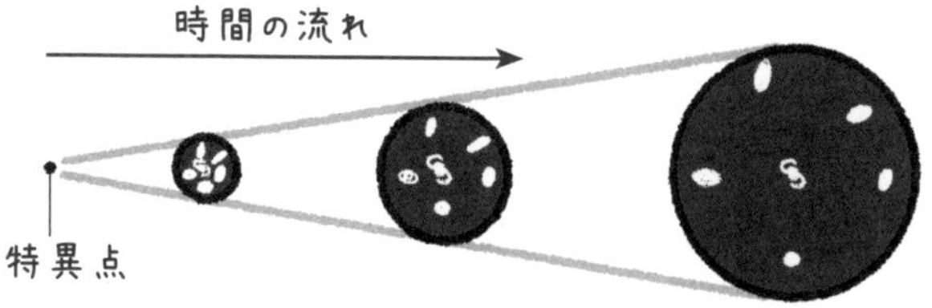

膨張する宇宙モデル
誕生からずっと，宇宙は膨張をつづけている。

時間をさかのぼるほど，宇宙が小さい!?
ということは，どこまでも過去に行くと……。

そうです。やがて点に行き着きます。これが宇宙のはじまりだと考えられている特異点です。
1970年に，イギリスの物理学者**スティーブン・ホーキング博士**（1942～2018）と，同じくイギリスの数学者・物理学者**ロジャー・ペンローズ博士**（1931～）が，一般相対性理論が正しいかぎり，宇宙のはじまりには特異点が出現することを数学的に証明しました。
これは**特異点定理**といわれています。

スティーブン・ホーキング
（1942～2018）

ロジャー・ペンローズ
（1931～）

宇宙は小さな一点からはじまったということか……。
特異点というのは，どういうものなんでしょうか？

特異点とは，時空（時間と空間）のゆがみ方が無限大になる点であり，そこでは物質の密度が無限大になります。
そのため，特異点においては物理学の計算結果が無限大になり，意味のある結果が得られません。
このため，特異点から宇宙がはじまったと考えると，宇宙が誕生した瞬間のようすを解き明かすことができなくなってしまうんです。

最初にお話があったように，一般相対性理論と量子論を融合した理論が必要になってくる，というわけですね。

ブラックホールに落ちるとどうなる?

次にブラックホールの謎について，考えてみましょう。

そういえば，ブラックホールの中心にも特異点があるのでしたよね。
もしグラックホールに近づいて落下したら，どうなるのでしょうか？

ブラックホールの事象の地平面（光などが逃れられない領域の境界面）を超えると，まっすぐ中心の特異点に向かって落下します。
その際，ブラックホールの周囲は重力がとてつもなく強いため，はなれた場所から見ると，落ちて行く宇宙船はだんだんと時間が遅れるように見えます。

時間が遅れる!?

2時間目に見たように，一般相対性理論の効果で，重力が大きな場所ほど時間はゆっくり進むのでしたよね。
ブラックホールの事象の地平面の半径の約13倍の地点では，時間の進み方は地球の**2分の1程度**となります。
つまり地球で2年たっても，この地点では1年しかたたないことになります。

うわー，すごく遅くなりますね。

そしてさらにブラックホールに近づくと，最後には**事象の地平面の表面では，時間の流れが完全に止まってしまいます！**
事象の地平面を通りすぎる宇宙船を遠くから見ることはできないのです。

えっ，えっ，時間の流れが完全に止まる！
そんなことありえるんですか!?
ブラックホールってなんでも吸いこむんですよね。
宇宙船が静止するってことは，宇宙船はブラックホールの中に吸いこまれずに助かったってことですか？
てか，時間が止まると，中の人はどうなるんでしょうか？

今のはあくまでブラックホールから遠くはなれた場所から観測した場合です。

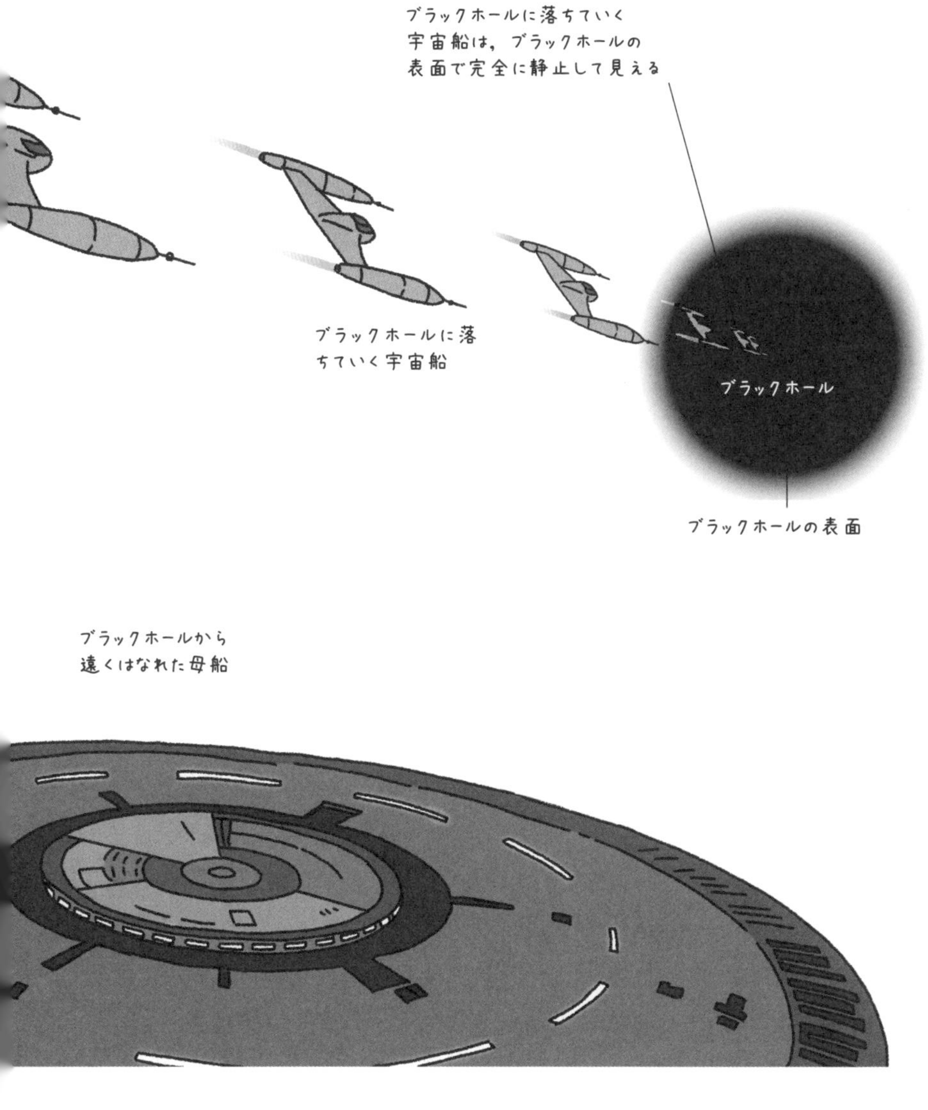
ブラックホールに落ちていく
宇宙船は，ブラックホールの
表面で完全に静止して見える
ブラックホールに落
ちていく宇宙船
ブラックホール
ブラックホールの表面
ブラックホールから
遠くはなれた母船

ブラックホールの外と宇宙船では時間の流れがちがうため，遠くから見ると，宇宙船が静止したように見えるだけなんです。
宇宙船に乗っている人にとっては，宇宙船の中の時間はいつも通りに流れています。
ですから，宇宙船の中の人からすると，宇宙船は事象の地平面で止まることなく通りすぎ，ブラックホールへと落ちていくことになります。

ぎゃー，やっぱりブラックホールの中に吸いこまれてしまうのか!!

はい，ただし，ブラックホールに近づくと，その強力な重力の影響で，普通の宇宙船であれば，バラバラにされてしまうかもしれませんけどね。
ここまでが一般相対性理論で説明できる現象です。

「特異点」の中はどうなっているのか

先生，宇宙船が事象の地平面を超えて特異点まで落ちて行くと，どうなっちゃうんですか？

ブラックホールの「特異点」は，質量がただ1点に押しこめられ，密度（質量÷体積）が無限大となった時空の果てです。

この特異点で物質がどうなるかは，今でも未解決の大問題なんですよ。

えーっ！

まだわからないんですね。

はい。前にお話ししたように，重力の正体を説明する一般相対性理論は，天体の動きなど大きなスケールを描写する場面では矛盾は生じないのですが，特異点のような密度が無限に大きくなるところを描写することはできないのです。

ふむふむ。

また，くりかえしになりますが，重力が強く，ミクロの領域である特異点の状況を説明するためには，一般相対性理論と，ミクロの世界をあつかう量子論を統一する必要があります。

数多くの科学者がこの統一をめざし，日々研究を行っていますが，現在のところまだ統一にはいたっていません。

そうなんですね。
何か，少しでもわかっていることってないのでしょうか。

現在，この統一に向けて提唱されている理論によると，「特異点の近くには，私たちの住む3次元よりもさらに高い次元が存在する可能性がある」と考えられています。
この理論では，物質をどこまでも分解していくと，10^{-35}メートルという，ごくごく小さな輪ゴムのような**ひも**に行きあたるといいます。そのため，この理論は**超ひも理論**とよばれます。

ひもに行きあたるんですか!?

はい。4時間目でくわしくお話ししますが，超ひも理論によると，**このひもは物質の根源であるだけでなく，重力の根源でもあるため，特異点近くのようなごく小さな領域では，物質も重力も区別できなくなると考えられています。**

物質も重力も区別がつかなくなるなんて，すごいですね。

STEP 2

謎の重力源と謎のエネルギー

宇宙には，周囲に重力をもたらす正体不明の「ダークマター」や，宇宙を膨張させる「ダークエネルギー」という大きな謎が存在します。具体的にどのようなものか，見ていきましょう。

宇宙には見えない重力源がたくさんある

STEP1では，重力が無限大になる特異点の謎について見てきました。しかし宇宙にはほかにも重力の謎が残されています。
なんと，宇宙には正体不明の重力源が大量にあると考えられているんです。

正体不明!?
どんなものなんですか？

それは**ダークマター**とよばれています。**暗黒物質**ともいいます。
ダークマターは光を発することも吸収することもありません。**目には見えないけど，宇宙に大量にある物質，それがダークマターです。**

目には見えないけど，そこにはある……。
まるで**幽霊**みたいな物質ですね。
光以外にも電波とか赤外線とかいろんな観測方法があると思うんですけど，それでもダークマターはひっかからないんですか？

ええ，ここでいう光とは，目に見える可視光線だけではありません。今おっしゃった電波や赤外線，そして紫外線やX線，ガンマ線など，光の仲間であるあらゆる電磁波を指します。**つまりダークマターは，電磁波では観測不可能なのです。**

だめか〜。ってか，どんな観測方法でもひっかからないなら，そもそもダークマターなんて気のせいで，ほんとうは存在しないんじゃないでしょうか？

いえ。ダークマターの正体は不明ですが，確実に存在すると多くの研究者が考えています。

観測できなくて，正体もわからないのに，そんなことなぜわかるんですか？

それは，ダークマターも質量をもつため，**重力の源**になるからです。
ダークマターの存在を考えないと，銀河の動きなどが説明できないんです。

重力？
銀河の動き？
どういうことですか？

たとえば地球は，時速約10万7000キロメートルで太陽系内を突っ走っていますが，それでも地球は太陽系を飛びだしていきません。
これは，太陽の重力で引っ張られているからです。

1時間目でやった月の話と同じですね。
月が飛んでいかないのも，地球が月を引っ張っているからでしたよね？

その通りです。
では，もう少し大きなスケールで考えてみましょう。
この宇宙には**銀河団**という多数の銀河の集団があります。
銀河団では，個々の銀河はかなりの速度で動いていることが知られていますが，集団としてまとまっています。

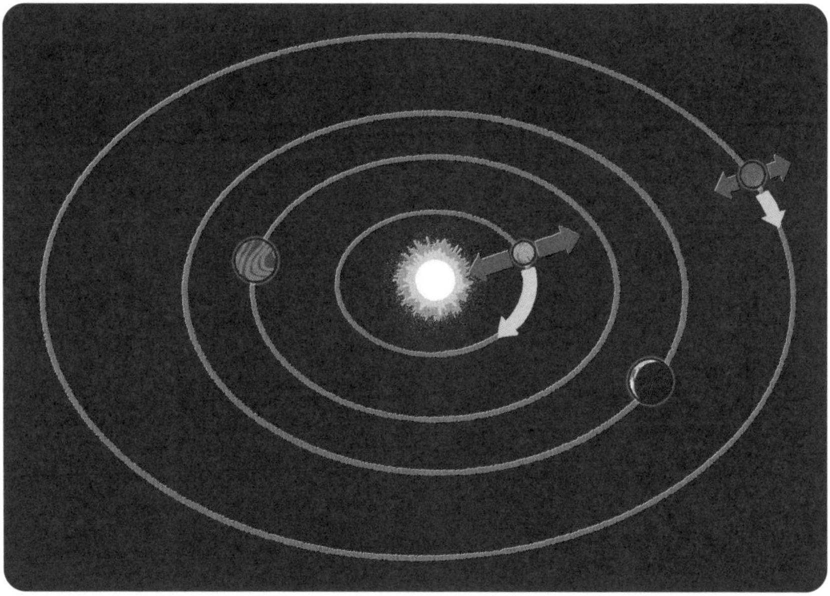

これもやっぱり，銀河どうしの重力で集まっているからってことですよね？

いえ，**実は銀河団の場合，すべての銀河や銀河の間をただようガスなど，電磁波で観測できるすべての物質の重力を足し合わせても，銀河をつなぎとめておくにはぜんぜん足りないんです。**

え!?　じゃあ，銀河団はちりぢりになってないとおかしいってことですか？

そうなんです。
しかし実際には多数の銀河が銀河団としてまとまっています。**つまり，見えない物質が大量に存在し，それらの重力によって個々の銀河は銀河団につなぎとめられているようなのです。**

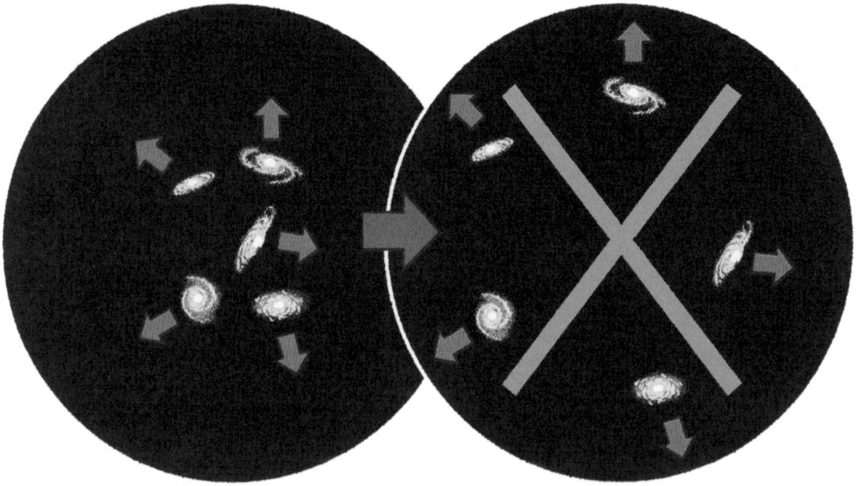

このことは1930年代に，天文学者**フリッツ・ツビッキー**（1898〜1974）によって指摘されていました。

そんな昔から……。

謎に包まれる「ダークマター」

ダークマターの存在を示唆する天文観測結果は，今お話しした銀河団の例のほかにも数多くあります。たとえば，**渦巻銀河の回転速度**です。
この回転速度を調べてみたところ，奇妙なことに，天の川銀河の中心に近い場所も，外縁付近も，回転速度がほとんど変わらないのです！

……といわれても，それの何がつじつまが合わないのですか？

ハンマー投げを考えてみてください。ハンマーをまわしている間，ハンマーを**引っ張る力**と**遠心力**はつり合っています。両者がつり合わないと，円運動は保たれません。
同じように，太陽系の惑星も，太陽に引っ張られる重力（万有引力）と遠心力がつり合って回転しています。

太陽系の場合，太陽の重力は近づくほど大きくなるので，太陽に近い惑星ほど，大きな遠心力が必要なため，より速く回転（公転）します。

太陽系の最も内側にある水星は，地球とか火星とかよりも速いスピードで，太陽のまわりをまわっているということですね。

ええ，その通りです。
しかし銀河の場合，これが成り立たないのです。渦巻銀河は，中心に恒星が集中しています。つまり，太陽系と同じように，強力な重力源が中心にある状態というわけです。

ということは，普通に考えると，太陽系と同じように，中心から遠いほど回転速度は遅くなりそうですね。

ええ。しかしアメリカ天文学者のヴェラ・ルービン博士（1928〜2016）らは，実際の**銀河の回転速度が内側と外側でほとんど変化しない**ことを発見したのです。
これは渦巻銀河の外側も，内側と同じくらいに**重力が強い**ことを意味しています。**つまり光を出さない何か（ダークマター）が，銀河全体に分布していると考えられるわけです。**

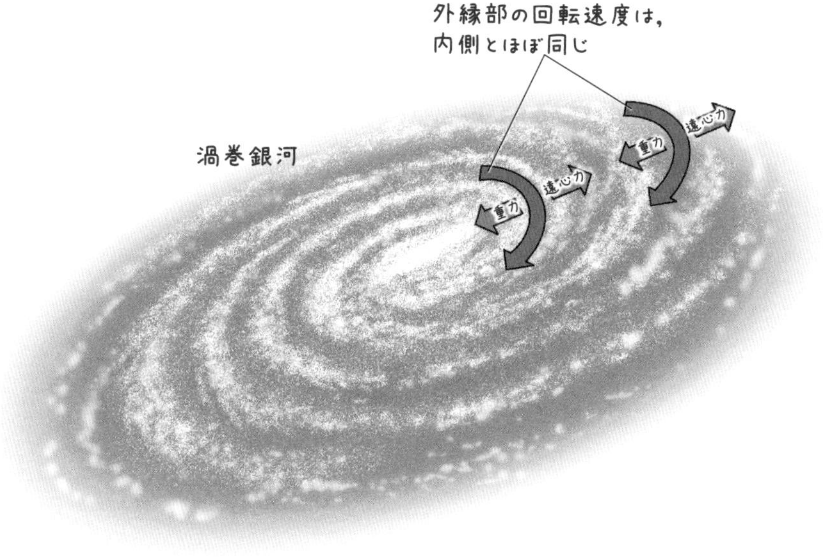

なるほど。
ダークマターは銀河全体に存在しているんですね。

はい。宇宙には，私たちが知っている普通の物質の**5倍以上**ものダークマターが存在していると見積もられているんです。

どっひゃー，5倍以上だなんて，普通の物質よりもはるかに多いじゃないですか！

そうなんです。
そして，このダークマターの正体は，未発見の粒子だと考えられており，その候補の一つが**超対称性粒子**という粒子なんです。超対称性粒子については，4時間目で説明しますね。

宇宙を膨張させる正体不明のエネルギー

宇宙にはまだ謎の存在があります。それが，謎のエネルギー，**ダークエネルギー**です。

ダークエネルギー？

宇宙は**ビッグバン**とよばれる大爆発で誕生し，今なお**膨張**をつづけています。

しかし，宇宙にはダークマターを含めた物質が大量にありますから，その**重力**により，膨張にはブレーキがかかり，膨張速度は減速していくだろうと考えられていました。

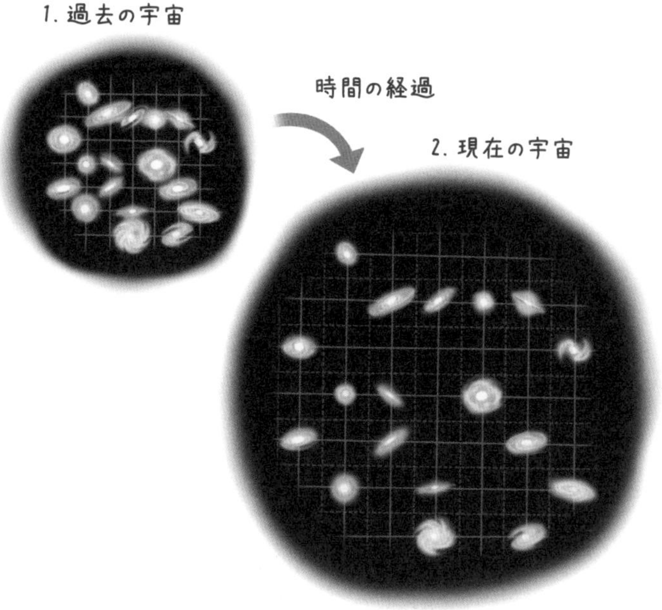

重力には，宇宙の膨張をおさえる作用がある，というわけですね。

ところが！
1998年，二つの独立した研究チームが，予想に反して**宇宙の膨張が加速している**という，おどろくべき観測結果を報告しました。

加速!?
膨張は遅くなるはずなのに，いったいなぜですか？

これは，ブレーキ役の重力を上回る，アクセル役の**反重力（斥力）**が存在することを意味します。
宇宙空間には，そうした反重力の効果をもつエネルギーが満ちているようなんです。
そのエネルギーの正体は謎に包まれており，**ダークエネルギー**とよばれています。

ダークエネルギー!?
ダークマターの親戚みたいな感じですか。

名前は似ていますが，ダークエネルギーはダークマターとはまったく別ものです。**ダークエネルギーは，密度にむらのあるダークマターとことなり，宇宙空間に均一に広がっていると考えられています。**

ダークマターもダークエネルギーも奇妙な存在なんですね……。

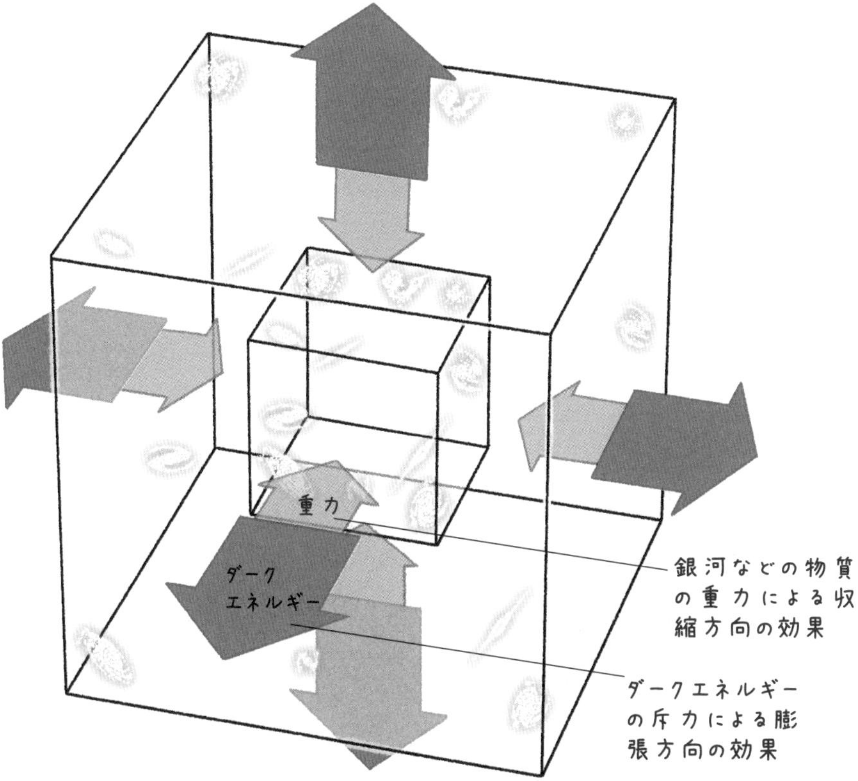

実は最近の研究によると，ダークエネルギーとダークマターの二つがこの宇宙の成分の大部分を占めていると考えられているんですよ。

えっ，謎の物質やエネルギーが？
そんなことはないでしょう。
だって，地球は**普通の物質**でできているんですよね？

ええ，もちろんです。
そのほかの惑星や恒星も当然，原子からなる普通の物質でできています。**しかし，宇宙の成分のうち，普通の物質の占める割合は大したことはありません。**
宇宙に存在する物質をエネルギーに換算して比較すると，全宇宙の68.3%をダークエネルギーが占めていることになります。
さらに，ダークマターは26.8％を占めており，普通の物質はわずか4.9％にすぎません。

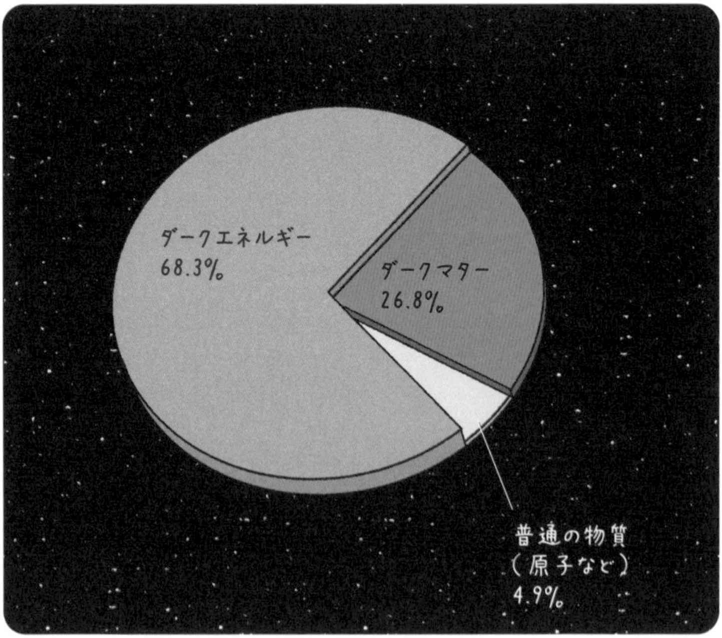

この宇宙の成分の95%が正体不明!?

そうです。私たちは宇宙の成分の95％をまだ知らないのです！

宇宙のこと，**ほとんどわかってない**ってことですね。

その95%の謎を解き明かすために，今も科学者たちは研究に取り組んでいるんですよ。
ダークエネルギーがどんな性質をもつのかによって，宇宙はこのまま一定のペースで加速するのか，それともあるときから加速のペースが驚異的に上がるのかが決まるのです。

ダークエネルギーの存在を予言したアインシュタイン

ダークエネルギーの存在は，間接的にではありますが，観測によってそれなりに裏づけられているといえます。
実は，一般相対性理論をとなえたアインシュタインはダークエネルギーとほとんど同じものを，予言していたんですよ。

アインシュタインが!?

ええ。
そのあたりの経緯をお話ししましょう。
1922年，ロシアの**アレクサンドル・フリードマン**（1888〜1925）は，一般相対性理論にもとづいた理論的な研究によって，宇宙が膨張しうることを指摘しました。
フリードマンは，宇宙は膨張したり収縮したりできる「動的」な存在と考えたのです。

アレクサンドル・フリードマン
（1888〜1925）

しかし，一般相対性理論の生みの親であるアインシュタインは，フリードマンの考えに猛反発します。
アインシュタインは，「宇宙は“静的”なはずだ」と考えました。つまり，**「宇宙は膨張したり収縮したりはしない」と考えたわけです。**

アインシュタインは宇宙は膨張しないはずだと考えたのですね。

ええ。
そしてアインシュタインは，一般相対性理論の基本方程式である「アインシュタイン方程式」の中に，**宇宙定数（宇宙項）**とよばれる定数を意図的に入れました。
そうすることで，強引に，膨張しない宇宙の理論をつくりあげたのです。

アインシュタイン方程式

$$R_{\mu\nu}-\frac{1}{2}g_{\mu\nu}R+\Lambda g_{\mu\nu}=\frac{8\pi G}{c^4}T_{\mu\nu}$$

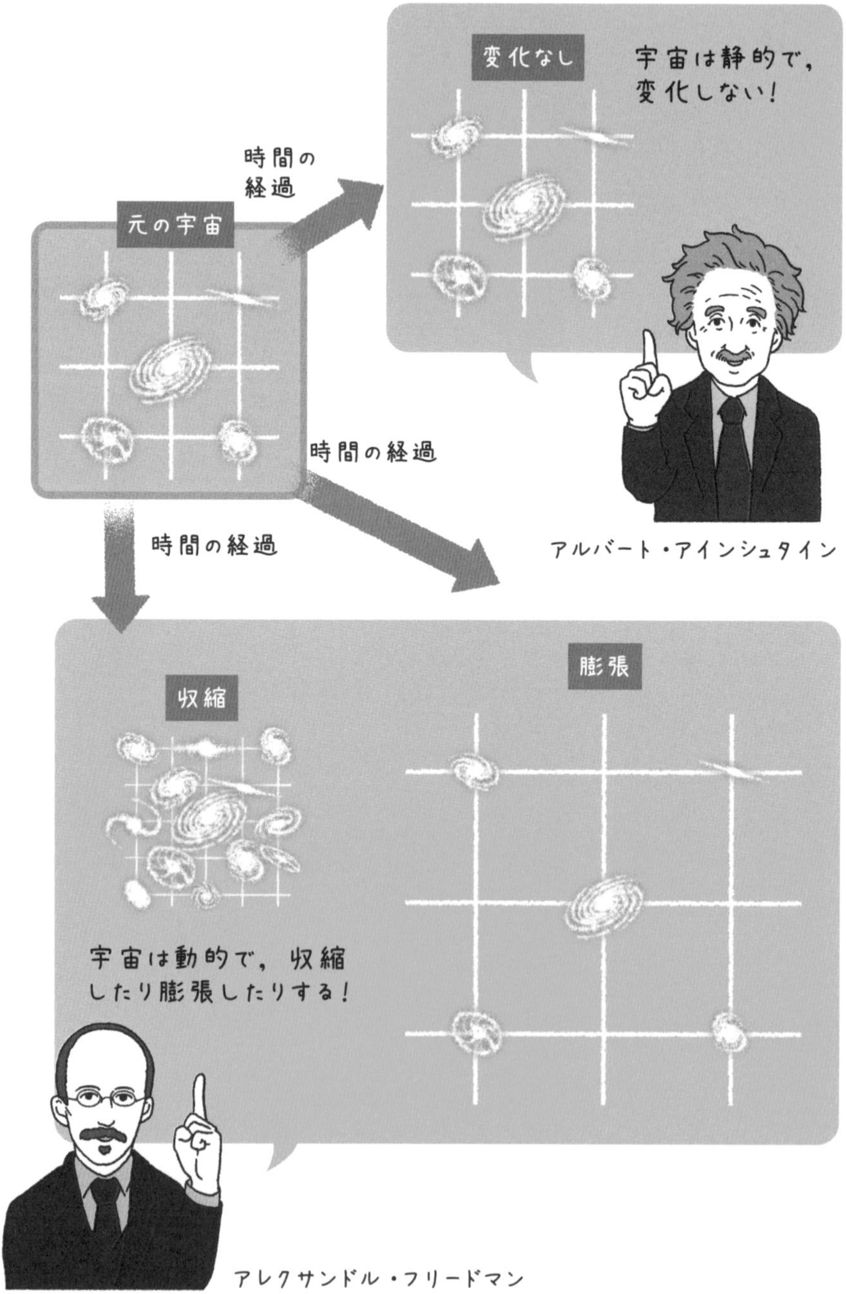
元の宇宙
時間の経過
変化なし
宇宙は静的で、
変化しない！
時間の経過
アルバート・アインシュタイン
時間の経過
収縮
膨張
宇宙は動的で、収縮
したり膨張したりする！
アレクサンドル・フリードマン

宇宙定数？

宇宙定数は空間の斥力（反発力）をあらわすものです。それによって，銀河などによる重力と，宇宙定数による斥力が打ち消し合い，宇宙は一定の姿を保つと考えたわけです。

でも，結局は宇宙は膨張していたわけですよね？

ええ。観測によって宇宙が膨張していることは確かめられました。
アインシュタインは，宇宙膨張が実際に発見された後，方程式の中に宇宙定数を入れたことを「**生涯最大のあやまち**」とのべています。
宇宙は，物理学の巨人アインシュタインの想像をも超えていたのです。

アインシュタインでさえ，まちがえることあったんですね。
それだけ**宇宙は壮大**ということですね。

ところが！
20世紀になって，宇宙の膨張が**加速**していることが確認されました。つまり，膨張を加速させる何かが存在するということです。これこそ**ダークエネルギー**です。
そして実はこのダークエネルギーは，理論上ではアインシュタインの宇宙定数と同じような作用をします。
そのため，アインシュタインが宇宙定数を考えだしてから約80年もの歳月を経て，宇宙空間の反重力は，ダークエネルギーと名を変えて，宇宙定数に復活したのです。
現在，「ダークエネルギーは数学的には宇宙定数と同じもの」という考えが，有力な説の一つになっています。

うわ〜。
一度はアインシュタイン自身が否定したのに，復活！
アインシュタイン，生涯最大のあやまちどころか，**予言**してたわけじゃないですか。

こうして観測と理論という科学の“両輪”が一応そろい，宇宙の膨張を加速させる「ダークエネルギー」の存在が信じられるようになったのです。

ダークエネルギーの正体は真空のエネルギー？

結局，ダークエネルギーの正体って何なのでしょうか？

それは大きな謎です。
現在，最もシンプルなアイデアとして**空間そのものがもつエネルギー（真空のエネルギー）**が考えられています。

真空のエネルギー？

真空とは，一般的な意味では何も入っていない空っぽの空間のことをさします。
ところがミクロの世界の理論である量子論によれば，すべての物質を取りのぞいたとしても，その空間は空っぽにはならないのです。

えっ，どういうことですか？

真空の宇宙を素粒子レベルの小さなスケールで見ると，ミクロの世界では，エネルギーの量には必ず**ゆらぎ**があります。
この「ゆらぎ」によって，何もないはずの真空中でも，二つの粒子がペアになって生まれたかと思えば（対生成），すぐに消滅します（対消滅）。

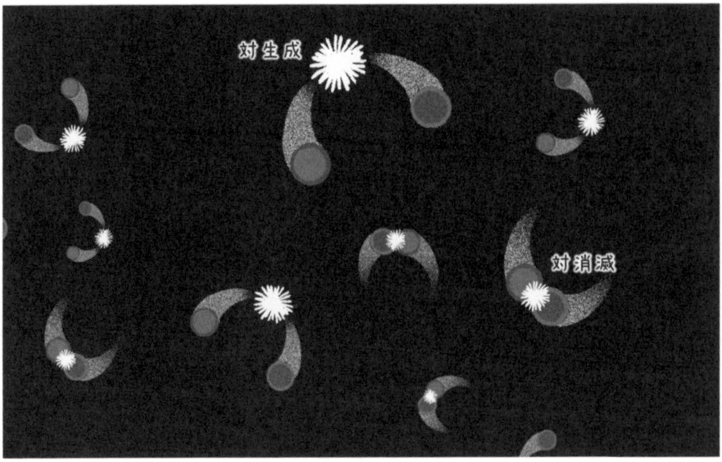

ひょえー！

「ゆらぎ」があるということは，その空間のエネルギーを一定にすることはできないということです。**つまり，すべての物質を取りのぞいた空間も，そこに存在するエネルギーの量は，ゼロという一定値にはならない，ということなのです。**

う〜ん，むずかしい！

真空のエネルギーは，いわば，そこに空間があるだけで必ず存在します。
これは，「ダークエネルギーは，宇宙空間に均一に広がっていると考えられる」というダークエネルギーの性質ともよく一致するんです。

ダークエネルギーと真空のエネルギーはよく似ている，ということですね。

はい。
ただし，現在の理論で真空のエネルギーの密度を計算すると120桁くらいちがっていて，現実の宇宙とまるで合っていません。
どのような調整機構がはたらいているのか，現代物理の最大の謎の一つです。
ダークエネルギーの正体探しは，現在も混沌とした状態がつづいているのです。**ダークエネルギーの謎が解けるとき，物理学の新たなとびらが開かれることになるでしょう。**

ダークマター解明の道筋「すばる望遠鏡」

さて，ここからは，ダークマターやダークエネルギーの正体を解明するための取り組みについてもお話ししましょう。
ハワイ島のマウナケア山頂には**すばる望遠鏡**があります。

すばる望遠鏡？

すばる望遠鏡は，細かなところまで見分ける**高分解能**，暗い天体からのわずかな光でもとらえられる**高集光力**，そして，限られた観測時間でなるべく広い範囲を観測するための**広視野**という，三つの条件を非常に高いレベルで実現した望遠鏡です。

「高分解能」，「高集光力」，「広視野」……。
強力な観測装置ですね！

世界最大級の望遠鏡で，口径は8.2メートルもあるんですよ。

大きいですね！

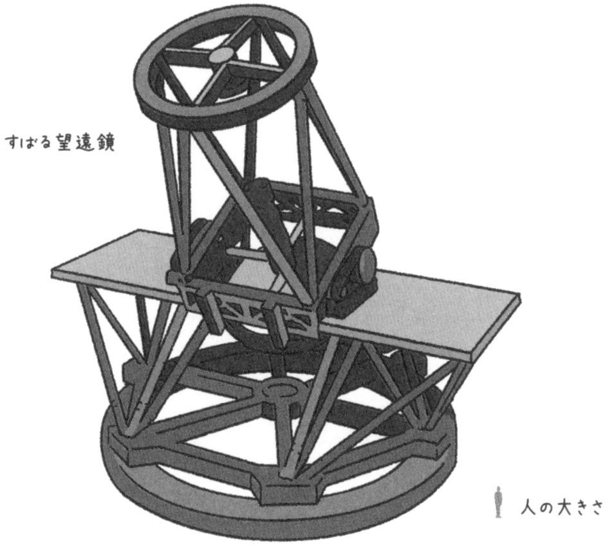

このすばる望遠鏡を使って，**ダークマターの分布**を明らかにする研究が進められています。

ほぉ。ダークマターの分布，ですか。

ええ。
ダークマターは周囲に重力をおよぼし，その重力によってたがいに引き寄せ合います。
宇宙誕生から間もないころにはダークマターは宇宙空間におおむね一様に存在していましたが，その分布にはわずかな**むら**があったと考えられています。

ふむふむ，完全に均一ではなかったということか。

はい。「むら」のうち，ダークマターの多い領域では，自身の重力によって周囲からダークマターや通常の物質がさらに集まり，大きな**かたまり**へと成長していきます。**銀河や銀河の集団（銀河団）は，ダークマターのかたまりの重力に引き寄せられた通常の物質からつくられたようです。**

銀河って，ダークマターのかたまりがきっかけでつくられたんですね！
でも，たしかダークマターって直接観測できないんですよね。いったいどうやって，どこに分布しているのかわかるんですか？

ダークマターを直接観測することはできません。しかし目に見える銀河を詳細に観測することで，ダークマターの存在を間接的に確認することはできるのです。

どういうことでしょうか？

たとえば，**重力レンズ効果**として観測できます。

重力レンズ効果？

天体と地球の間に，巨大な重力をもつものがあれば，天体からの光が曲げられ，レンズのはたらきをします。これが重力レンズ効果です。

重力レンズ効果

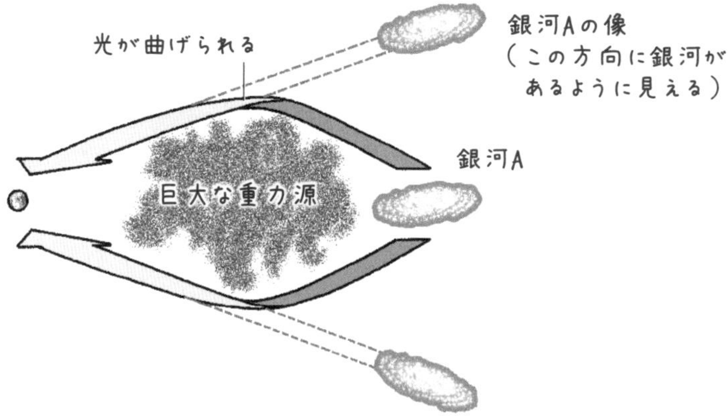

重力によって光が曲がるんですね。

はい。大きな重力は空間をゆがめます。そのとき，光の進む経路も曲がるんです。

とても不思議な現象ですが，重力レンズ効果は，理論的にも観測的にも確認された事実です。私たちは重力が弱い地球に住んでいるので，重力による光の曲がりに気づかないだけなのです。

それで，重力レンズ効果から，どうやってダークマターの分布がわかるのでしょうか？

地上から遠方の銀河を観測したとき，ゆがみが大きい銀河と地球の間には重力レンズ効果を生じさせているダークマターが多く存在し，ゆがみが小さい銀河と地球の間にはダークマターがあまり存在しないことになります。**このため銀河の形のゆがみを測定することで，重力源（この場合はダークマター）の重力の強さ（質量の大きさ）や，重力源の場所を特定することができるのです。**

銀河のゆがみをはかることで，ダークマターの分布がわかるんですね。すごい！

ただし，ダークマターの分布を精度よく推定するためには，たくさんの遠方の銀河の形を測定して，統計的な分析を行う必要があります。

なるほど，統計的な分析が必要なんだ。

このような観測を行うには，およそ80億光年ほどの遠方にある銀河の形を見分けられる分解能が必要になります。

80億光年!?
途方もない距離ですね。

また遠方の銀河は基本的には暗いため，これを観測するには高い**集光力**が必要です。そして宇宙の広範囲のダークマターの分布を明らかにするには，**広い視野**も不可欠ですね。
すばる望遠鏡は，この観測を行うのにうってつけの**装置**なんですよ！

すばる望遠鏡，すごい！

さらに**ダークマターの分布が明らかになれば，「ダークエネルギー」の性質もさぐることができるんですよ。**

えっ，そんなことができるんですか？

ダークエネルギーのはたらき方次第で，宇宙の膨張の速度は変化します。
もしダークエネルギーのはたらき方が強ければ，つまり膨張の効果が強ければ，ダークマターが重力で引き合って「むら」から「かたまり」へと成長するのをさまたげるはずです。
逆に膨張の効果が弱ければ，かたまりへの成長が進みやすく，その数は多くなります。
つまりダークマターのかたまりの分布がわかれば，宇宙の膨張の歴史がわかり，そして宇宙の膨張の歴史からダークエネルギーの性質まで解明できるというわけです。

おぉ〜！
すばる望遠鏡が，ダークエネルギーの謎を解く日が来るかもしれないんですね。

ええ。
今後の観測結果からどのような結論が出てくるのかを，楽しみに待ちましょう。

STEP 3

重力はなぜ弱いのか

一般相対性理論は重力とは時空のゆがみと考えます。しかし最先端の素粒子物理学では，重力をまたことなる形で考えます。素粒子物理学がかかえる重力の謎にせまっていきましょう。

この世界はとっても小さな素粒子でできている

ここからは，最先端の**素粒子物理学**から，重力の本質と謎についてお話ししましょう。
現代物理学では，この宇宙は，**それ以上分割できない**と考えられる究極に小さい粒子である**素粒子**と，その素粒子にはたらく**力**によって成り立っていると考えます。

究極に小さい粒子？
たしか中学校のころ，あらゆる物質は**原子**でできているって習った気がするんですが……。素粒子はそれよりも小さいんですか？

たしかに，私たちの体から，その辺りに落ちている石にいたるまで，何もかもが原子という微小な粒子でできています。
しかし，その原子は何でできているんでしょうか？

えっ，そんなこと考えたこともありませんでした。

原子をさらに細かく見てみましょう。
まず原子は，原子核とその周囲をまわる電子に分けられます。

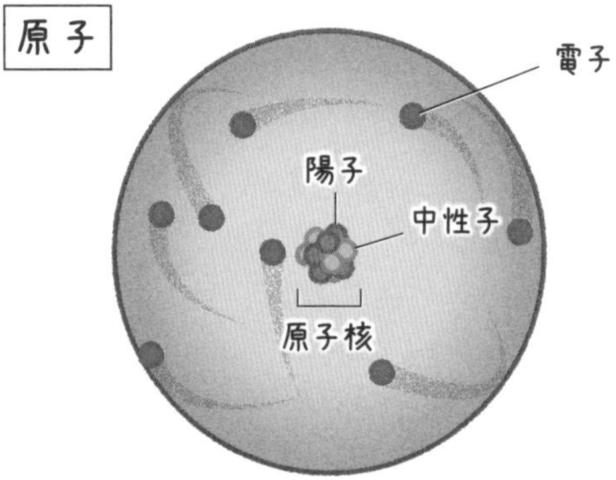

さらに原子核は，**陽子**と**中性子**という2種類の粒が集まったものです。ですから，原子核は素粒子ではありません。

この陽子と中性子もさらに細かく分けられるんですか？

はい，そうなんです。
陽子と中性子は，2種類の**クォーク**という粒が三つ集まってできています。
現代の物理学では，このクォークはこれ以上分割できない粒子だと考えられています。すなわち**素粒子**です。また，先ほど登場した**電子**もそれ以上分割できない**素粒子**です。

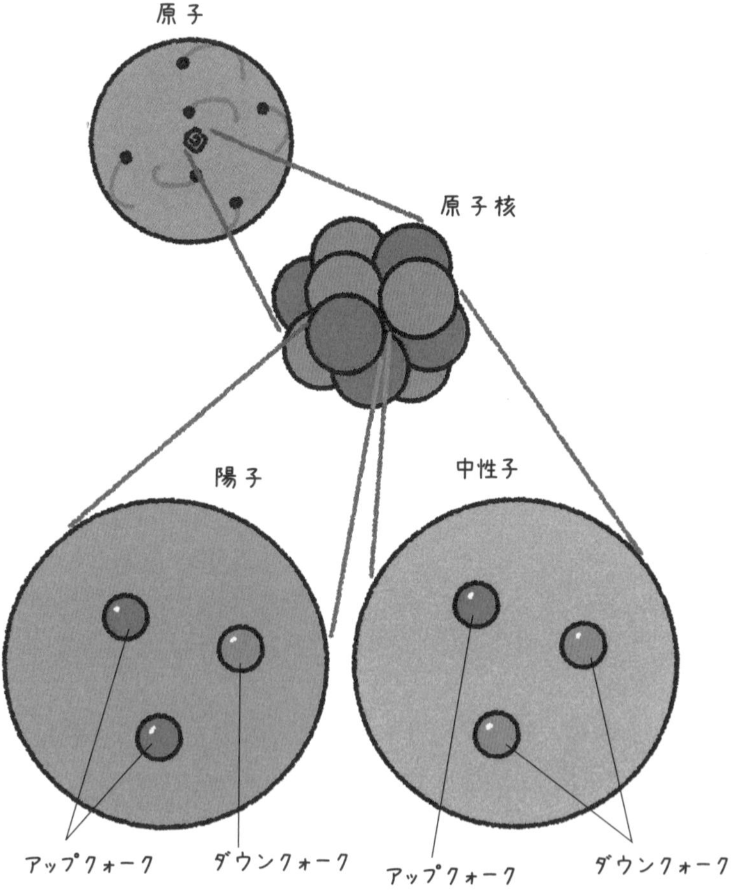

なるほど。

この宇宙のあらゆるものは，それ以上分けることのできない素粒子に行きつきます。すなわちこの素粒子こそ，この宇宙をつくりあげている**根源**なのです。

ポイント！

素粒子

それ以上分割することのできない，自然界の最小単位と考えられる粒子。そして，宇宙すべての「存在」と「変化」の起源。

宇宙の根源って，素粒子なんだ……！
自然界には，2種類のクォークと電子で，合計3種類の素粒子があるってことなんですか？

いえいえ，自然界はもっと複雑で，現在17種類の素粒子が見つかっています。

現在見つかっている素粒子（17種類）

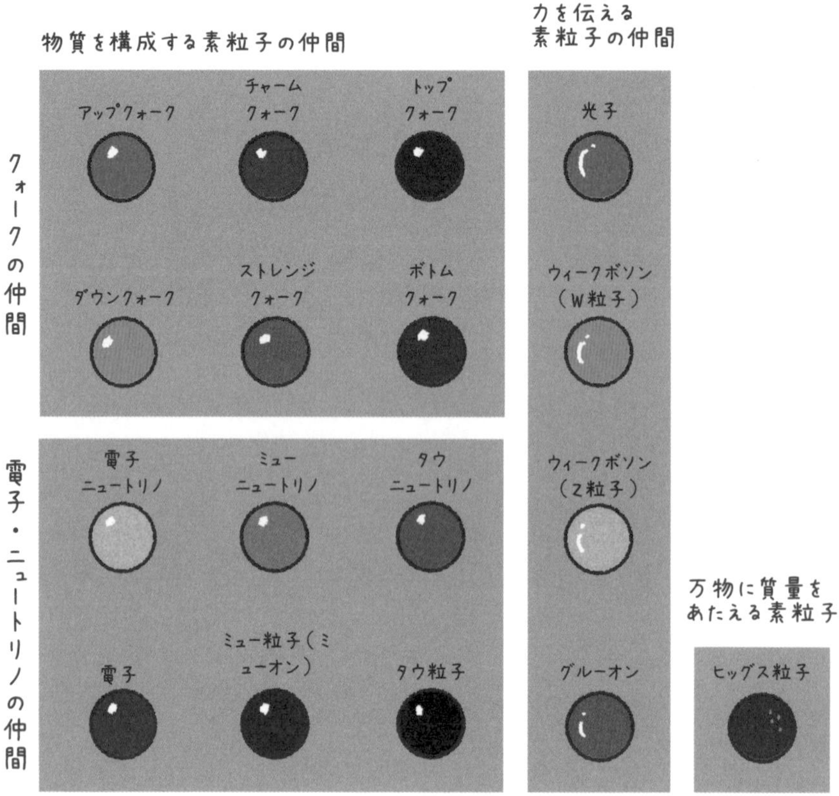

自然界を支配する「四つの力」

では次に，この自然界ではたらく**力**について，お話ししましょう。
現在の物理学において，自然界のあらゆる現象はわずか**四つの力**で説明できると考えられています。

あらゆる現象が，たった四つの力で説明できるんですか!?

はい。私たちが住む地球や太陽系，そして広大な宇宙は四つの力によって，支配されているんですよ。
それが，**重力**，**電磁気力**，**強い力**，**弱い力**の四つです。

重力と電磁気力は，聞いたことがありますけど，ほかの二つはまったく聞いたことがありません。

重力と電磁気力は身近な力ですからね。
まず，この本のテーマである**重力**は，地球が月を引きつけるように，質量をもつ物が相手を引きつける力です。

私のスマホを割った張本人です。

つづいて電磁気力とは，電気力と磁力を統一したもののことをいいます。
静電気をおびた下敷きが髪を引きつけるように，電気や磁気をもつ物が相手を引きつけたり遠ざけたりする力のことですね。

小学生のときに，よくやってたなぁ。

残りの**強い力**と**弱い力**ははじめて聞くかもしれませんね。ごく簡単に説明しますが，何となくのイメージだけで大丈夫です。

まず強い力は原子核を構成する**陽子**や**中性子**をつくりあげている力です。

先ほどお話しした通り，陽子と中性子は三つの素粒子でできています。たとえば陽子は，**アップクォーク二つ**と，**ダウンクォーク一つ**です。

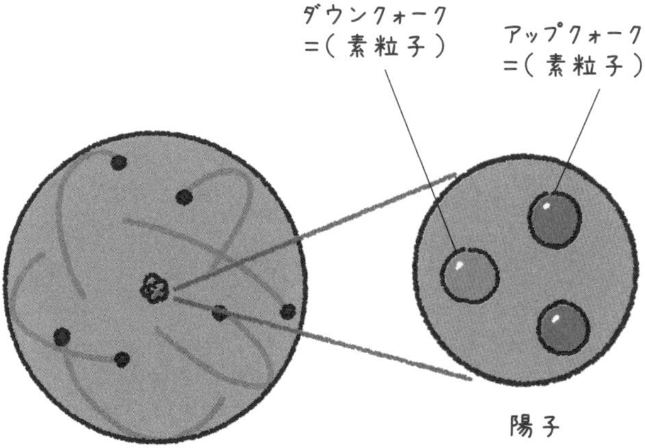

覚えてますよ！

そのクォークどうしがばらばらにならないように，結びつける力が**強い力**です。また，原子核の中の陽子と中性子を結びつけるのも，この強い力によるものです。

クォークを結びつけているのは，強い力！
じゃあ，**弱い力とは何でしょうか？**

弱い力も，強い力と同じように，原子核よりも小さい，ミクロの世界ではたらく力です。
たとえば放射性物質の原子は，原子核が不安定なために，時間がたつと放射線を出して崩壊し，別の原子核に変わってしまうことがあります。これを**ベータ崩壊**といいます。**この，ベータ崩壊を引きおこす力こそ，弱い力なんです。**

ベータほうかい……。

たとえば，**炭素14**という原子の原子核は，弱い力によってベータ崩壊し，**窒素14**に変わります。このとき，次のイラストのように，炭素14の中性子の一つが，陽子に変わってしまうんです。
この変化を引きおこしているのが，弱い力というわけです。

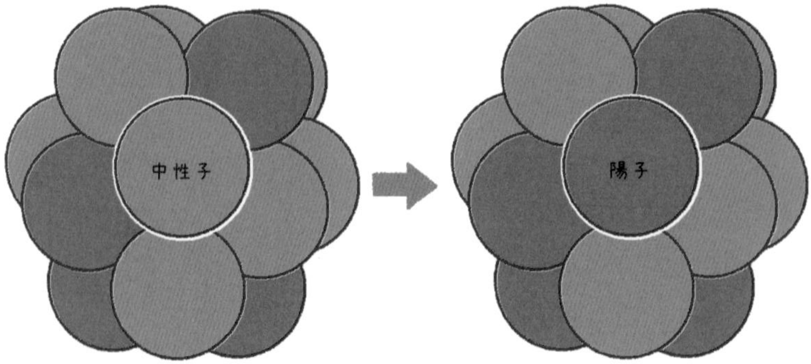

A. 電磁気力

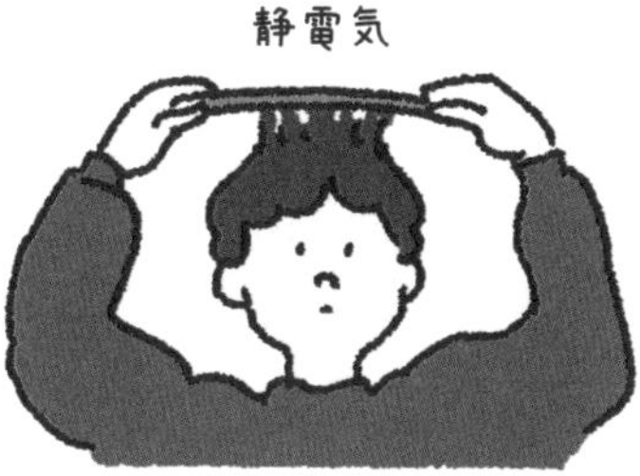

電磁気力は，電気や磁気をもつ物が，相手を引きつけたり遠ざけたりする力です。

B. 重力

重力は，質量をもつ物が，相手をひきつける力です。

C. 強い力

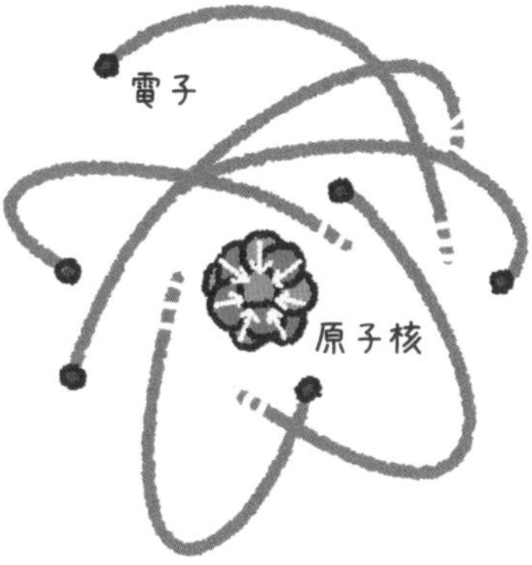

強い力は，原子核の中の陽子と中性子が，たがいに引きつけあってくっつく力です。

D. 弱い力

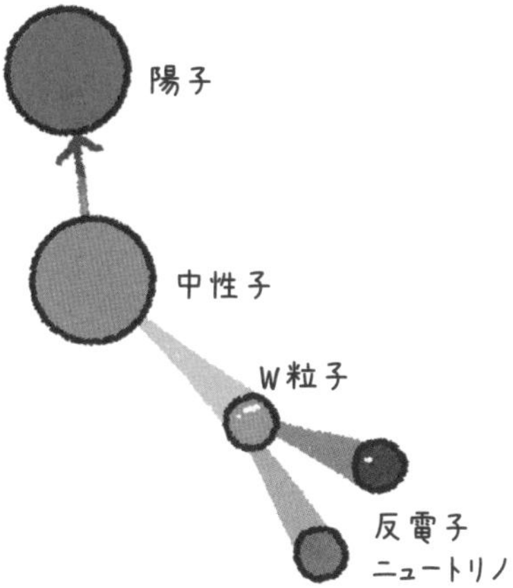

弱い力は，中性子がひとりでに陽子に変わるように，変化を引きおこす力です。

うーん，むずかしいけど，この現象を引きおこすのが弱い力，ということなのか……。
「変えてしまう」ってことなのかな。
こんなのも力とよぶのですね。

そうです。高校の物理学では，力とは，物の運動を変えるものだと習います。静止した物を動かしたり，物の動きの向きを変えたりできるものが，力というわけです。

ふむ……。

一方，素粒子物理学では，力は**もっと広い意味**をもっています。**物を引きつけたり遠ざけたり，粒子の種類を変えたりするものも力といっています。**

力の正体は，素粒子のキャッチボール

この世界の四つの力，理解できましたか？

いや，強い力と弱い力はよくわかりません！

あまりなじみのない力ですからね。
まぁ，この自然界のすべては四つの力で説明できる，ということだけ覚えておいてもらえればOKです。
さて，実は素粒子物理学の世界では，あらゆる力は素粒子の受け渡しによって伝えられると考えられています。

どういうことですか？
力の正体が素粒子だということですか？

そうです。
たとえば，マイナスの電気をおびた**電子**は常に，素粒子の一つである**光子**を吸ったりはいたりしています。そして，**ある電子が放出した光子を別の電子が吸収すると，電子どうしに反発力が生じます。**
このように，光子が電磁気力を伝えているのです。

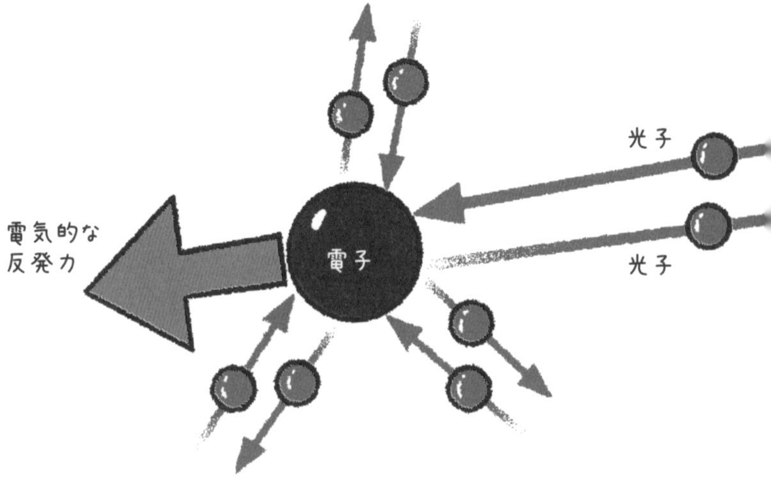

えーっ，力が素粒子によって伝えられるなんて，すっごく不思議です。素粒子は物質の根源であるだけでなく，**力の根源**でもあるということですか？

その通りです。
素粒子によって伝わる力は電磁気力だけではありません。**強い力**は**グルーオン**という素粒子によって，**弱い力**は**ウィークボソン**という素粒子によってそれぞれ伝えられます。

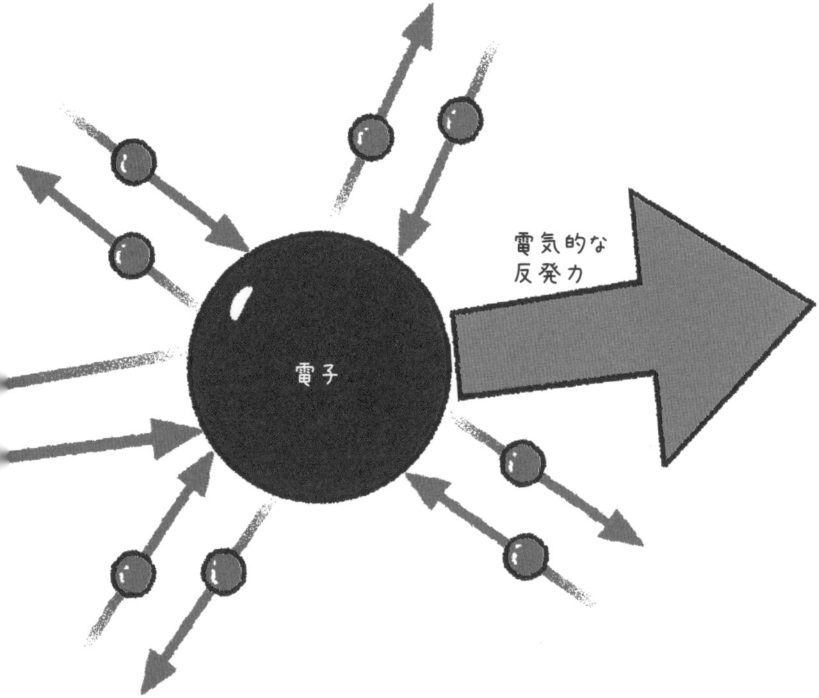

ということはもちろん，**重力**も!?

はい，重力もほかの力と同じように，素粒子のやりとりで伝えられているはずだと考えられています。
重力を伝える素粒子を，**重力子**といいます。

ひょえー，重力の正体が，素粒子だったなんて……。

ただし！
重力を伝える重力子だけは，まだ発見されていません。
重力子は仮説の粒子ではあるものの，多くの物理学者が存在するはずだと考えています。

ポイント！

素粒子物理学で考える重力の正体

重力は，重力子という素粒子のやりとりではたらくと考えられている。

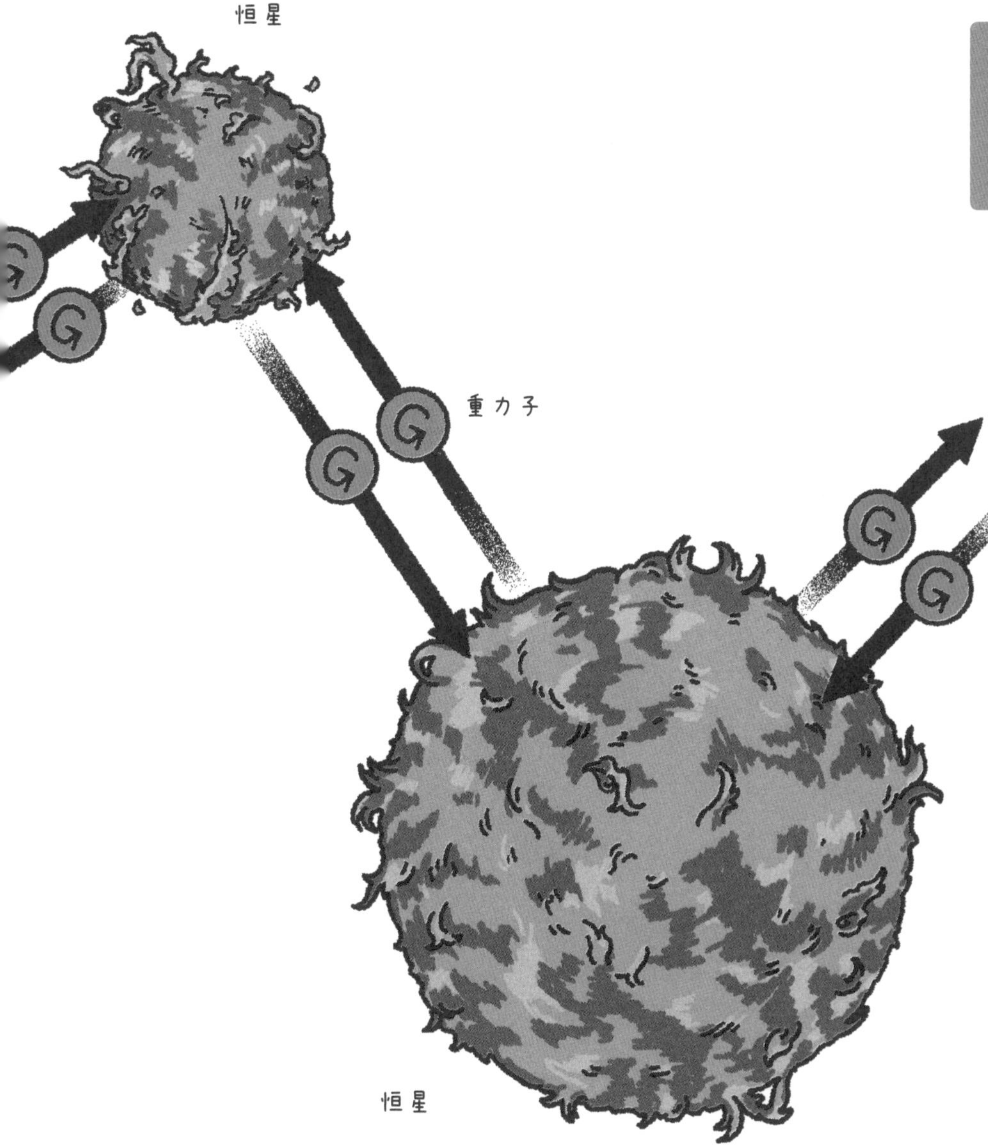
恒星
重力子
恒星

四つの力の統一は物理学者の夢

物理学者たちは，**四つの力を統一**することを夢見ています。
すなわち，重力，電磁気力，強い力，弱い力の四つを，たった一つの力として説明する理論を完成させようと奮闘しているのです。

力の統一？
ちょっと想像がつかないんですが……。

たとえばニュートンは，リンゴの落下と月の公転を万有引力の法則で説明しました。
そしてアイシュタインは，特殊相対性理論とニュートンの重力理論を一般相対性理論として矛盾のないものに統一しました。

なるほど。
これまで数々のものが統一されてきたんですね。

ええ。
物理学とは，「統一」の歴史そのものです。
つまり，一見ちがうように見えるものを，同じ一つの原理で理解することをめざす学問といえます。
四つの力の統一は，物理学者たちの**究極の夢**といえるでしょう。

また四つの力の統一は，**宇宙論**とも密接に関係しています。

宇宙誕生直後，四つの力は区別できなかったと考えられています。それが，**時間がたつのにともない，枝分かれし，最終的に四つの力が生まれたと考えられています。**

もとは1種類の力だった？

はい。その通りです。

超高温・超高密度のものすごく初期の宇宙では，四つの力は一つだったと考えられているんです！

宇宙誕生直後の1種類の力から，まず**重力**が分岐し，次に**強い力**，最後に**弱い力**と**電磁気力**が分岐したと考えられています。

そして力の統一理論の研究は，力の分岐を逆にたどるような形で進んできました。

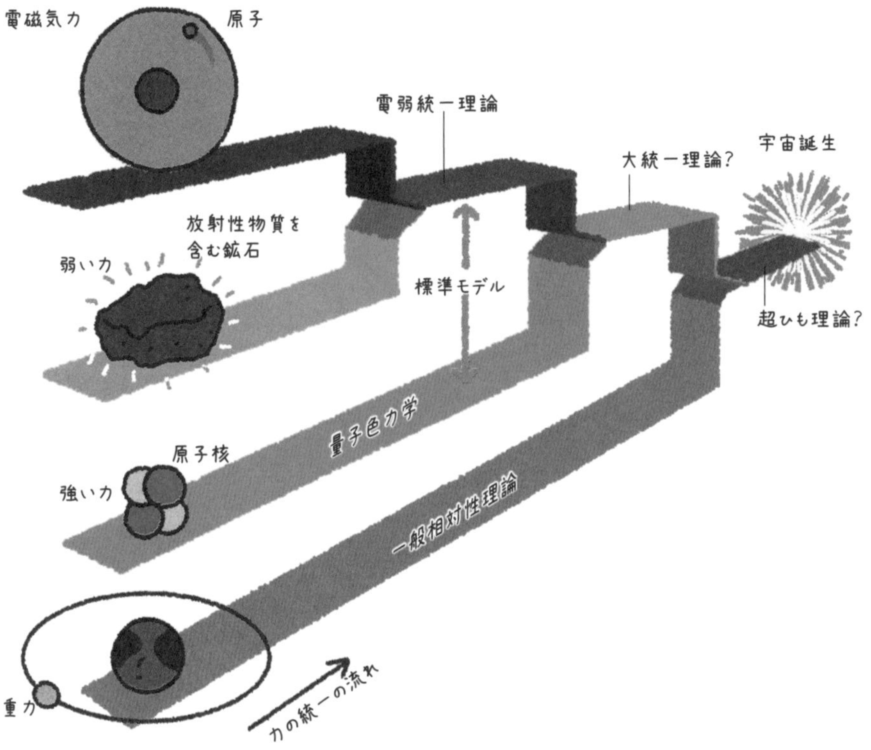

ほう！

まず，電磁気力と弱い力を統一する**電弱統一理論**が1967年に完成しました。
また，今，電弱統一理論と強い力をまとめた**大統一理論**の研究も進んでいます。
さらに，三つの力に重力を加えて，すべての力をたった一つの力として説明しようとしています。しかし，まだ実現できていません。

その試みは，STEP1で見たように，**量子論と一般相対性理論の融合**と深く関わっています。

四つの力の統一はできそうですか？

重力を含めた四つの力すべてを統一的に理解する，究極の理論の候補として期待を集めている理論があります。それが，**超ひも理論**です！　超ひも理論については，4時間目でお話ししましょう。

超ひも理論は，**力の統一の旅の終着点**なのかもしれないんですね！

はい。超ひも理論が完成すれば，ミクロな素粒子の世界から，広大な宇宙にいたるまで，**あらゆる現象の根本原理を説明できると期待されています。**宇宙のはじまりから終わりまでを説明できる**究極の物理理論**となることでしょう！

重力は，なぜか桁ちがいに弱い

なぜ重力の統一はむずかしいのか。
それは，強い力，弱い力，電磁気力といったほかの三つの力にくらべて**重力が極端に弱い**ためです。

重力は，弱い？
そんなことないんじゃないですか？　だって，物が落ちるのは重力のせいですよね。重力が弱かったら，テレビで見る宇宙船の中みたいに，みんなふわふわ浮遊しちゃうんじゃないですか？　そうすれば私のスマホも助かったのに。

たしかに，「重力は，弱い」といわれても，普段重力にしばられて生活している私たちにとっては，ピンとこないかもしれません。
でも，重力を強く感じられるのは，重力源である地球の質量がきわめて大きいからです。地球はだいたい6×10^{24}キログラムもありますから。

重力は，どれくらい弱いんでしょうか？

ここにクリップがあります。磁石を近づけると，簡単にもちあがりますね。

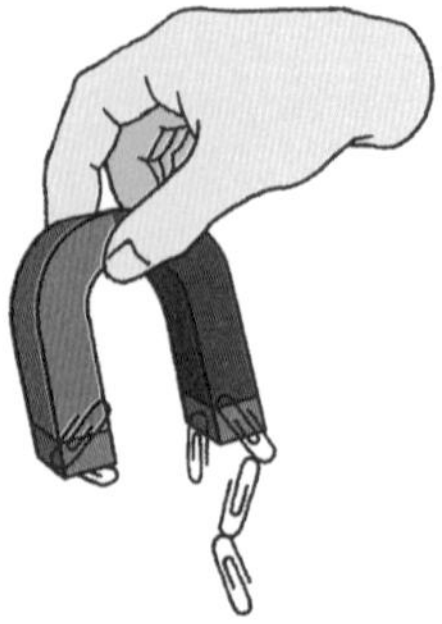

はい。

クリップは，巨大な地球の重力に引っ張られているにもかかわらず，手のひらにおさまるほど小さな磁石の磁力によって，簡単に浮き上がります。

たしかに……。

これは，重力が磁力にくらべて圧倒的に弱いことを意味しています。
電磁気力と重力の大きさを比較すると，なんと**重力は電磁気力の10^{42}分の1程度しかありません。**

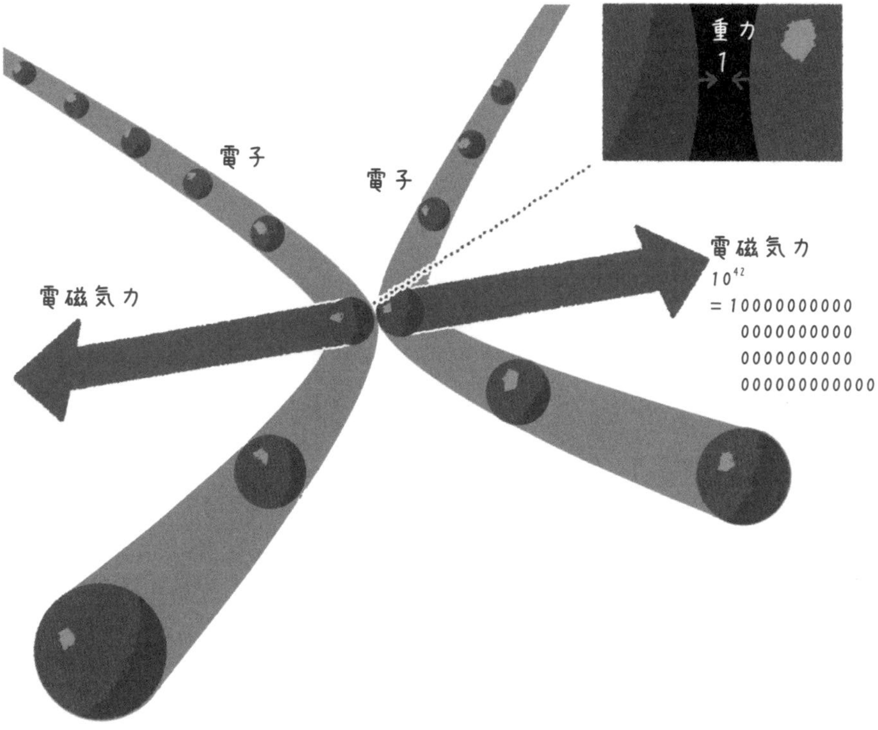

重力，よわっ！ 電磁気力つよっ。

電磁気力以外のほかの二つの力と比較しても，重力はきわめて弱いんです。三つの力に重力を統合するには，まず重力だけがここまで弱い理由を探る必要があります。

手がかりはあるんでしょうか？

理由として考えられているのが，**「重力は，ほんとうはほかの力と同じくらいの強さをもっているけれど，何らかの理由で弱く見えているだけではないか？」**という説です。

うーん，それじゃあなぜ重力は弱く見えているんでしょうか？

それは，**「私たちが感知している3次元空間とは別に，4次元以上の高次元空間が存在していて，重力だけ4次元以上の方向にも広がっていき，余分な次元をうまく設定すると，そのぶん私たちがいる3次元空間では薄まって弱く見えるのではないか？」**という考えが有力です。

重力が，別の次元に漏れだしている!?

そうです。この世界には，私たちが感知できない次元の空間があって，重力はその方向にも伝わっているのです。

重力はほかの次元へ拡散しているため，われわれが感知できる3次元空間には重力の一部しか伝わってこず，弱く見えるということです。

この世界は3次元じゃないんですか!?

どう考えても私たちのいる空間は，縦・横・高さの3次元空間だと思いますけど。ちょっとぶっとびすぎている気が……。

この世界に高次元空間が存在する証拠はまだ得られていません。しかし，物理学者たちは真剣に，高次元空間の証拠を探そうと研究に取り組んでいます。

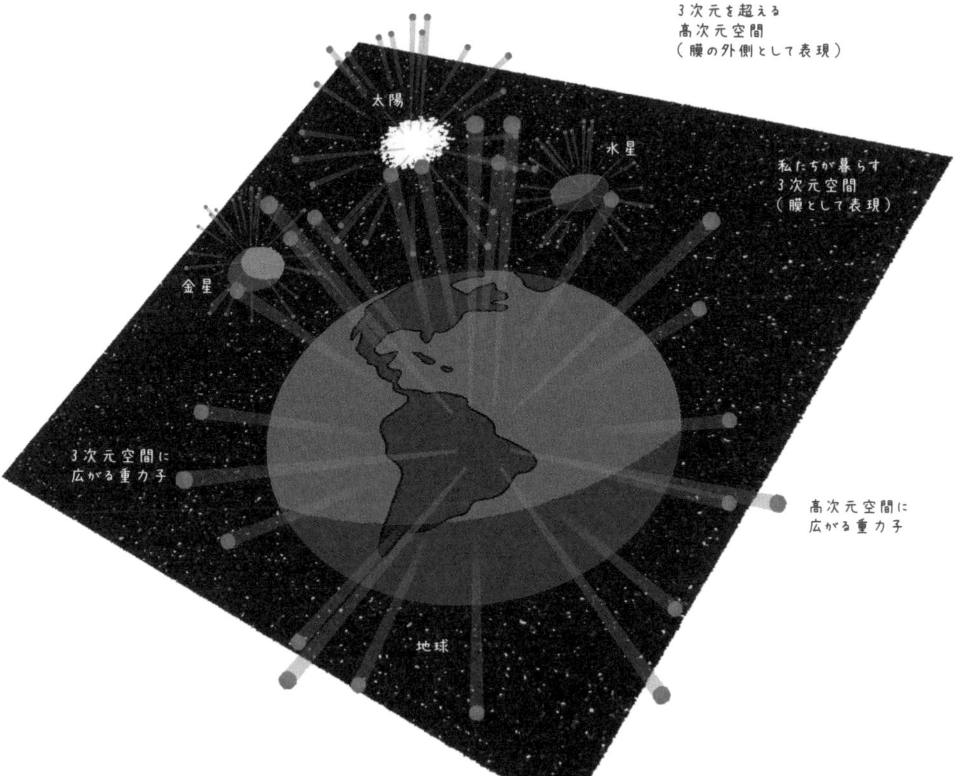

この世界は3次元空間ではないのかも

先生，いくらなんでも高次元空間は，もう想像力のキャパを超えてしまいますよ……。私にはどうしたって，この世界は3次元空間にしか思えません。
高次元空間なんて，どこにあるんでしょうか？

それでは，物理学で予言されている高次元の空間は一体どこにあるのか，お話ししましょう。
もしかしたら高次元空間は，私たちの**すぐそば**にあるにもかかわらず，たんに感じとることができないだけなのかもしれないのです。

いやいや，高次元空間がそばにあれば，私たちにもわかるんじゃないんですか？

高次元空間が存在していても，私たちが認識できない理由については，いくつかの説があります。その中の代表的な理由が**「高次元空間は非常に小さいため，私たちは気づかない」**というものです。

え……？

たとえば，床にしいた**カーペット**を考えてみてください。私たちにとってカーペットは平らで，前後と左右の2方向にしか移動できないので，2次元ですよね。

ところが，カーペットを拡大してみてください。すると，カーペットの繊維の中を**ノミ**が移動しています。
カーペットの中では，小さなノミが繊維の間を前後・左右だけではなく，高さ方向にも移動していることになります。

ノミにとってカーペットは平面ではないわけですね。

ええ。カーペットは私たちにとっては2次元空間でも，ノミにとっては3次元空間なわけです。
つまり，私たちが2次元だと思っていたカーペットには，3次元がかくれているというわけです。

高次元空間はカーペットのように小さくかくれているということでしょうか？

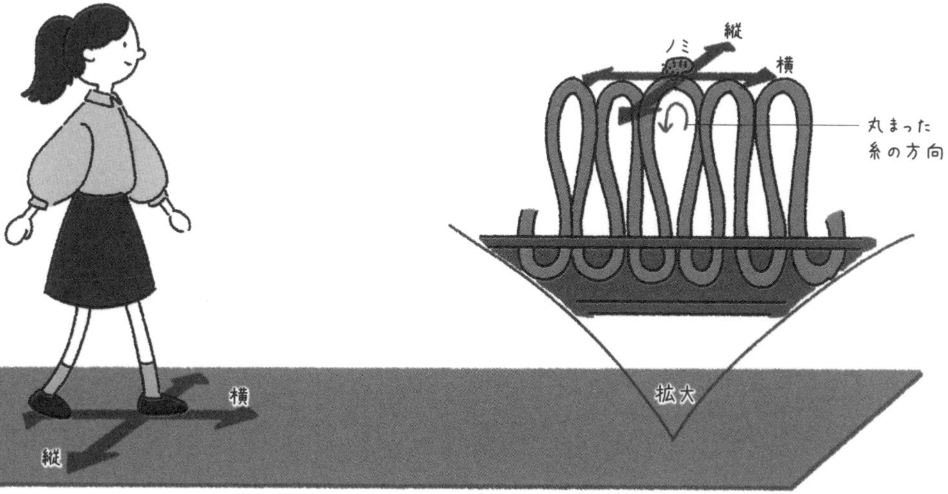

はい。
物理学が予言する高次元空間の大きさは，一般に原子よりもずっと小さいものだと考えられています。
私たちがカーペットにかくれていた次元に気づかないのと同様に，物理学が予言する高次元空間も小さくて気づけないだけなのかもしれないのです。

なるほど〜。

物理学者たちは3次元を超えている分の次元（余剰次元）は「小さく丸まっている」と考えています。
そして，数学的に次元を丸めて“かくす”ことに成功しています。これを**次元のコンパクト化**とよんでいます。

小さく丸まってる!?

ええ，この手法は，1920年代に提案され，現在の物理学の中にも受け継がれています。

重力の伝わり方から，次元の数がわかる

この世界がいったい何次元空間なのか，知る方法はないんでしょうか？

ありますよ。
その方法の一つは，**重力の大きさ**を調べることです。

えっ!?　重力ですか？

そうです。
ここで1時間目を思いだしてください。
重力は，重力源から周囲に均等に飛びだした力線であらわすことができましたよね。重力源からある距離の地点における重力の大きさは，その地点をつらぬく力線の密度によってあらわされます。

あぁ，そうでしたね。

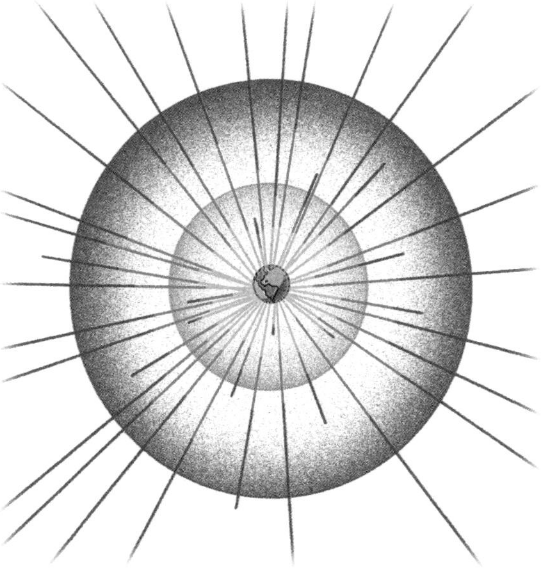

ここでたとえば，地球から1000本の力線をえがいたとします。力線の数は，表現上の都合なので，何本でもいいのですけど。
そうすると，ある場所の力線の密度は，この1000を，重力源を中心とした球の表面積で割ったものとなります。
すなわち「**1000÷球の表面積**」です。
球の表面積の公式は知っていますか？

いやー知りません。

中心からの距離をrとすると，球の表面積は，$4\pi r^2$となります。ですから，距離rの場所の力線の密度は，$\frac{1000}{4\pi r^2}$と書けるわけです。
この式は，**力線の密度，すなわち重力が，距離rの2乗に反比例して小さくなることを示しています。**
これが，この世界が3次元空間だった場合の計算です。
実際に1時間目で見たように，重力の大きさは距離の2乗に反比例しますから，事実とも合っています。

3次元空間だった“場合？”

じゃあ，たとえば，2次元の世界で考えるとどうなるんでしょうか？

2次元空間の場合，重力線の密度は，「**1000÷円周の長さ**」で求められるはずです。

球の表面積ではなくて，円周の長さになったんですね。

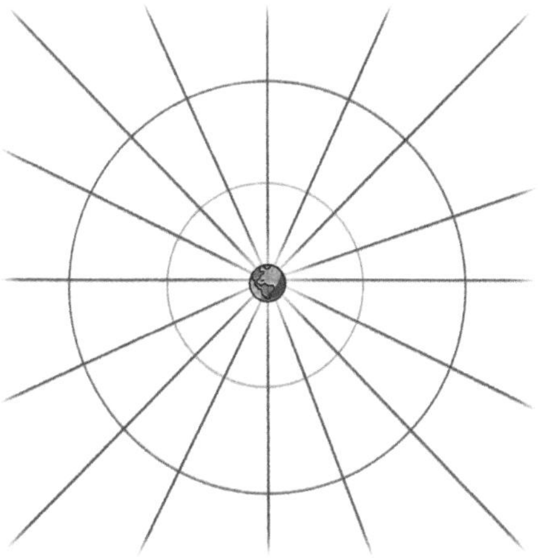

はい。中心（重力源）からの距離をrとすると，円周の長さは，$2\pi r$となります。ですから，距離rの地点の力線の密度は，$\frac{1000}{2\pi r}$と書けるわけです。
つまり，2次元世界で重力を考えると，距離rの1乗に反比例することになります。
このように，**空間の次元の数によって，重力の伝わり方は変わるんです。**

なるほど〜。
実際には，重力は距離の2乗に反比例するわけですよね。

はい，そうです。
これはつまり，この世界が3次元空間であることを示しています。

なぁーんだ。
やっぱり高次元空間なんて，存在しないんだ！

ところがそうともいい切れないんです。
重力の伝わり方にはまだ検証されていない領域が残っているんです。
0.1ミリメートル以下といった短い距離で，重力の強さが本当に，距離の2乗に反比例するのかは，まだきちんと確認されていないんです。

なぜそんな短い距離での重力を検証する必要があるんですか？

かくれた余剰次元の大きさよりも短い距離で，重力がどのように伝わるかを知る必要があるんです。余剰次元の大きさよりも近い距離まで近づくと，**重力の法則が高次元空間のものに切り替わるかもしれないんです。**

え!? **重力が切り替わる？**

先ほど計算してみたように，理論上，重力の大きさは「距離の［空間次元－1］乗に反比例する」ことがわかっています。

2次元空間なら距離の１乗，３次元空間なら距離の２乗，そして，４次元空間なら距離の３乗，５次元空間なら距離の４乗に反比例します。
これは，**空間の次元が高いと，距離が近づくにつれて，重力が急激に強くなることを意味します。**ですから，重力の大きさを余剰次元ほどの短い距離で観測できれば，何次元なのかがわかるかもしれません。

じゃあ，もしもこの世界が9次元空間だったとしたら，**重力は距離の8乗に反比例**するわけですね。

そうなりますね。
ただし，0.1ミリメートル程度の距離で重力の検証を行った研究がありますが，余剰次元の存在を意味する結果は得られていません。もっとずっと近い距離の重力を計測しないといけないようです。
高次元空間が本当に存在するのかどうかは，大きな謎で，**物理学の一大テーマなんですよ。**

4

時間目

重力の謎にせまる
超ひも理論

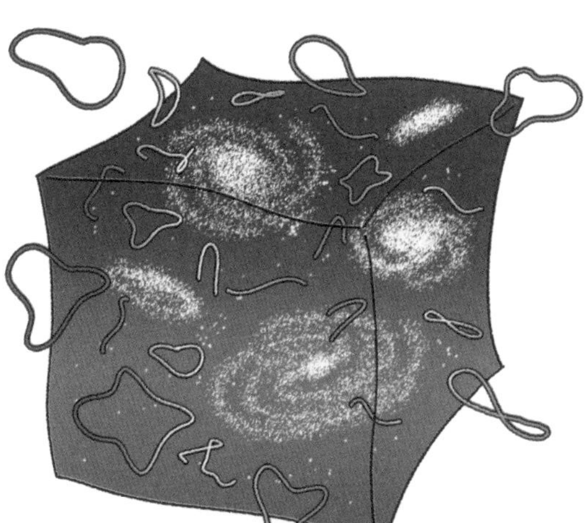

STEP 1

世界は「ひも」でできている

重力を含めた四つの力を統一できる理論として期待されている超ひも理論。超ひも理論が完成すれば，自然界のさまざまな謎を解き明かすことができると期待されています。

素粒子の正体は「ひも」だった!?

さて，ここからは重力も含めた四つの力を統一してあつかうことのできる究極の理論の最有力候補，**超ひも理論（超弦理論）**についてお話ししましょう。超ひも理論は未完成であるものの，完成すれば，宇宙のさまざまな謎を解決できる，と期待されています。

究極の理論の最有力候補！
どういう理論なんですか？

先にも少し触れましたが，超ひも理論は，ひとことでいえば，物質の“最小部品”である素粒子は，大きさをもたない「点」ではなく**ひも（弦）**でできていると考える理論です。

物質の最小部品がひも？

物質を細かく分割していき，これ以上分割できない最小単位が「素粒子」だとお話ししましたね。
アップクォークにダウンクォーク，そして電子，光子，ヒッグス粒子など，現在**17種類の素粒子**が見つかっています。理論上，未発見であろうとされるものも何種類か予言されていますから，素粒子の数は今後も増えると思われます。

現在見つかっている素粒子（17種類）

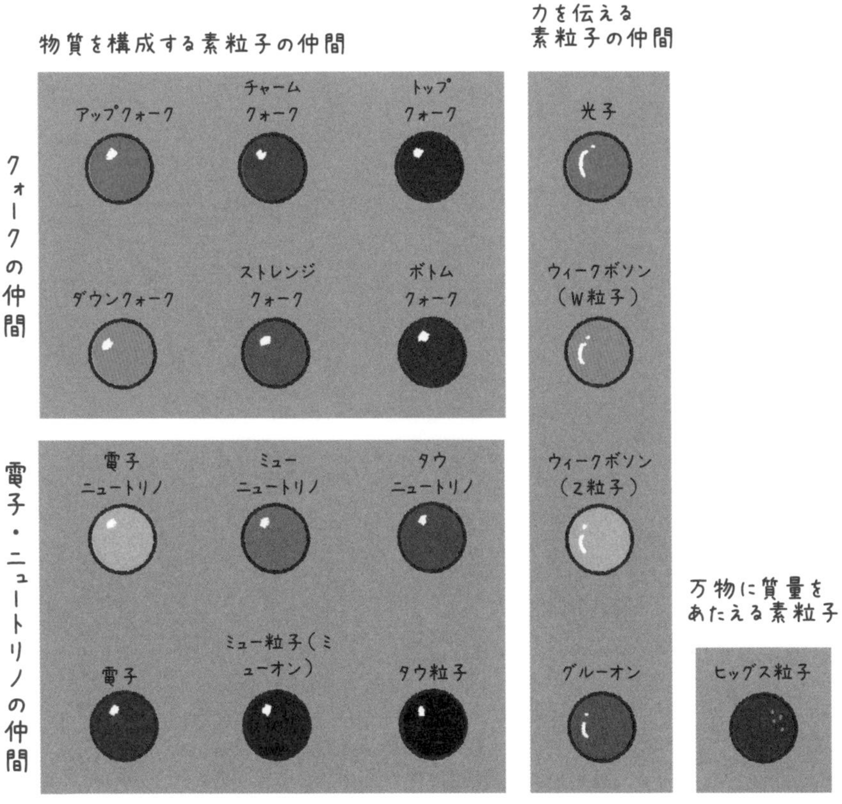

素粒子って，結構いっぱい見つかっているんですね。これらのすべてが細長いひもなんですか？

その通りです。
超ひも理論では，素粒子を**長さをもつひも**だと考えます。そう考えると，素粒子物理学のいろんな問題を解決できそうなんです。

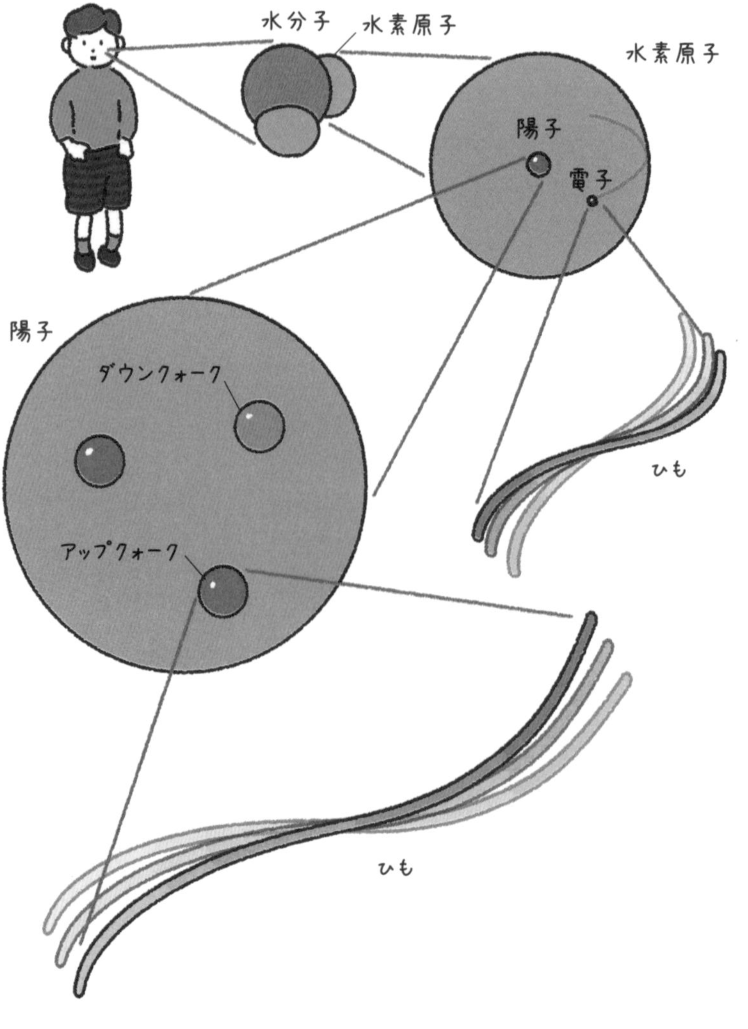

ひょえー。
素粒子の正体がひもといわれても……。
超ひも理論のひもってどういうものなんですか？

超ひも理論におけるひもには，太さはありません。
でも長さはあります。ひもの長さはおよそ10^{-35}メートルです。

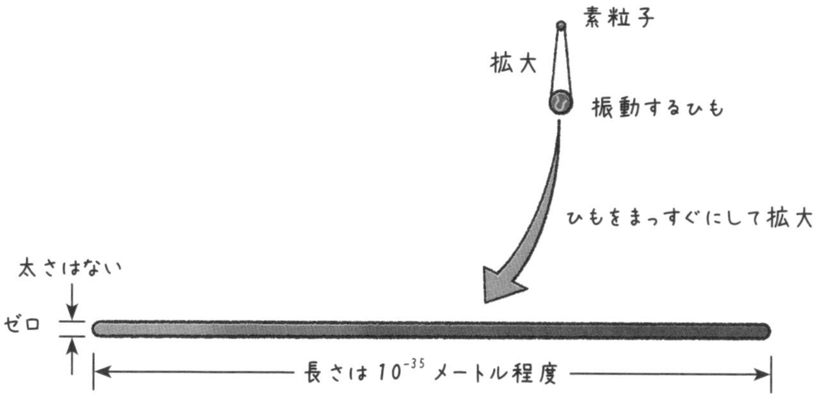

10^{-35}メートルって，全然想像ができないんですけど……。

原子の大きさが10^{-10}メートルほどで，その中の原子核の大きさは10^{-15}メートルほどです。なので，ひもは原子核の大きさの1000兆分の1の，さらに10万分の1くらいの大きさということになります。

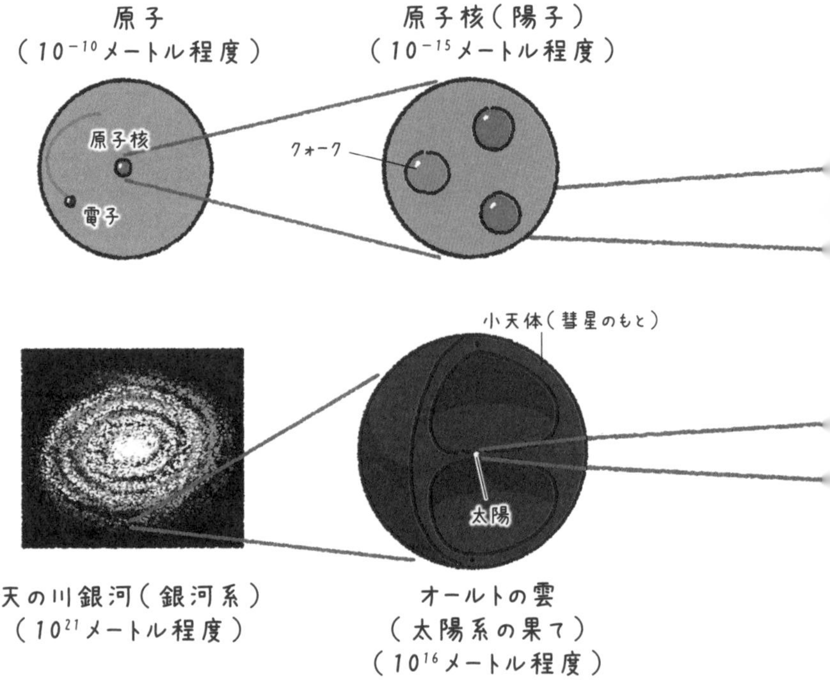

原子とひもをくらべるのは，天の川銀河とゾウリムシをくらべるのと同じくらいになります。

ちっちゃすぎ！

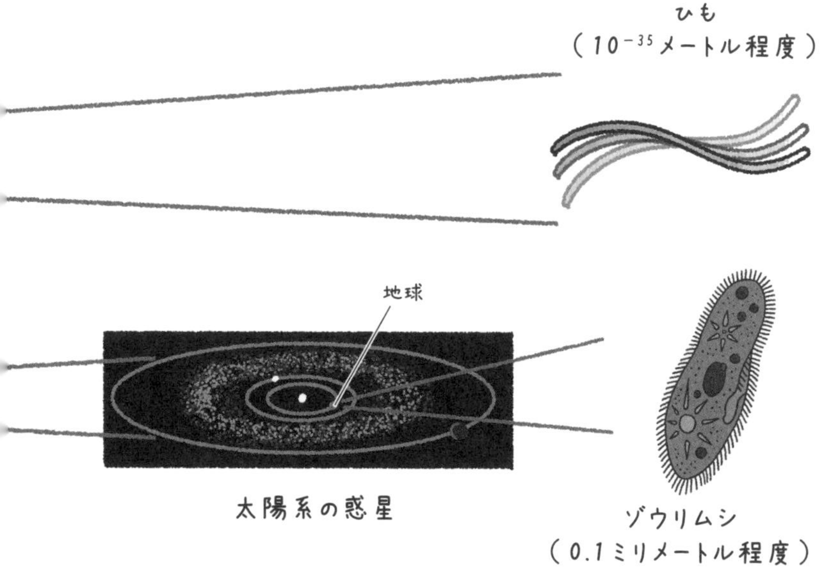

ひもは切れたり，くっついたりすることもあります。
ですから，ひもの両端がくっついて，輪ゴムのような「輪（リング）」になることもあります。
つまり，超ひも理論のひもには，開いた状態（ひも）と閉じた状態（輪）の二つの状態があると考えられているのです。

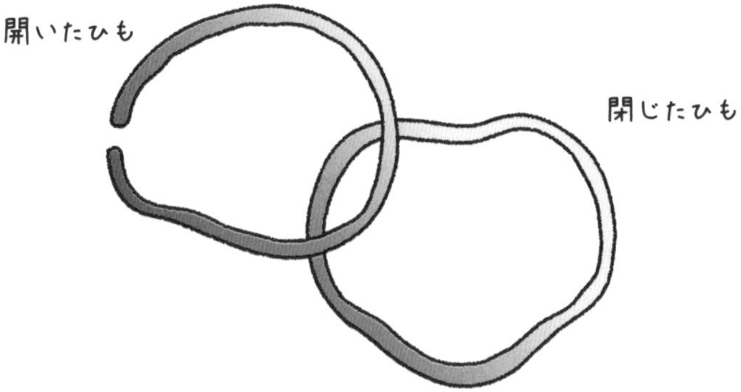

ふぅむ。

さらに，ひもには重要な特徴があります。
それは，超高速で**振動**することです。
この振動は**1秒間に10^{42}回以上**という猛烈なものです。開いたひもの端部が動く速さは，最大で**光速**にも達します。

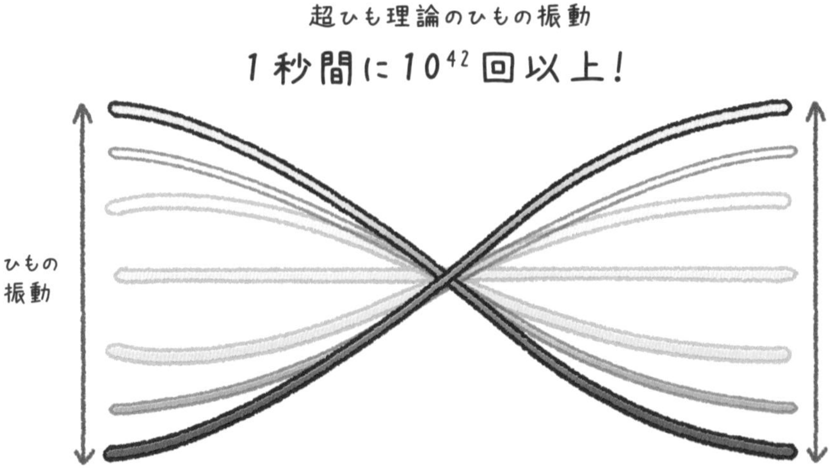

激しすぎ！

信じられないかもしれませんが，この振動が非常に重要なんです。
これまでに発見されている素粒子は，アップクォークやダウンクォーク，電子，光子など**17種類**です。どの素粒子も，超ひも理論ではその正体をひもだと考えます。
でも，ひもは**1種類**しかありません！

どういうことです？
素粒子はたくさんあるのに，ひもは1種類っておかしいじゃないですか。

いいえ，おかしくないんですよ。
実はひもの振動と巻きつきによって，1種類のひもがちがう種類の素粒子に見えるのだと考えられているんです。
たとえば，弦楽器の1本の弦は，その振動のしかたによって高い音や低い音など，さまざまな音を出しますよね。
それと同じように，ひもの振動のちがいが素粒子の性質のちがいとして私たちに見えている，ということです。
巻きつきについては，のちほど説明します。

うぅーむ，それにしても，素粒子がとんでもなく小さなひもだってことは，私たちの体も，地球も，つきつめるとすべての物質がひもでできているってことですよね。
信じられない。

素粒子というのに，なぜ球や点ではなくて，ひもなんでしょうか？

いい質問ですね。

現在の素粒子物理学の基本的な枠組みとなる理論を**標準理論**といいます。
標準理論は，素粒子の性質や実験結果をとてもうまく説明することができたので，自然界の根源的なルールを正しく表現できている理論として，大きな成功をおさめました。
この標準理論では，素粒子を点としてあつかいます。

ほら，やっぱり素粒子は点じゃないですか！
なぜわざわざひもなんてものをもちださないといけないのですか!?

素粒子を大きさのない点だとして，**ミクロな世界の重力**について考えると，無限大という結果が生じて意味のある答えが得られないのです。
そのため，標準理論では，重力をあつかうことができません。
素粒子は軽いため，重力の影響はさほど大きくはありませんが，**標準理論で重力をあつかえないのは，大きな課題なのです。**

重力は厄介ものなんですね……。

そうなんです。しかし，重力を伝えると考えられる素粒子である**重力子**を，大きさのあるひもだと考えると，無限大の問題をうまく回避することができるんです。
そのため，超ひも理論こそ，四つの力の統一を実現する，**究極の理論の最有力候補**だと考えられているんですよ。

究極の理論の最有力候補だなんて，すごいな，超ひも理論！
素粒子がひもであるという証拠はあるんですか？

残念ながら，現状では素粒子がひもだという証拠はありません。
超ひも理論は，まだ研究途上にある未完成の理論ですが，完成すれば，ミクロな素粒子の世界から，広大な宇宙にいたるまで，**あらゆる現象の根本原理**を説明できるかもしれません。

物理学の到達地点に近い理論というわけなんですね！

超ひも理論は9次元空間を予言する

超ひも理論では，この世界には3次元空間を超えた**高次元空間**が存在することになります。

超ひも理論も高次元空間を予言しているんですか？
なぜ，そのようなことになるのですか!?

先ほどもお話ししたように，超ひも理論では，ひもの振動のしかたによって，ことなる種類の素粒子になると考えます。
でも，現実の素粒子と，ひもの振動状態とを矛盾なく対応させるためには，ひもが縦・横・高さの3方向で振動しているだけではだめで，振動方向が9個必要なんです。つまり，**9次元空間**が必要だというわけです。

ひもの振動方向？
どういうことですか？

次元の数が多いほど，ひもはいろいろな方向に振動できるようになり，より多くの振動状態をとることが可能になります。ひもの振動状態で現実の素粒子を表現するには，3次元では足りないのです。ひもで素粒子を表現するには，9次元が必要です。

私たちのまわりの空間はどう考えても3次元だと思うのですが，ほかの6次元は小さくかくれているということなのでしょうか？

そうです。3次元より高い次元は，私たちのまわりにコンパクト化して，小さくかくれていると考えられています。そのため，私たちには感知できません。

9次元空間なんて途方もなさすぎて，まったく想像もできません……。イラストとかないのですか？

それが，あるんですよ！　次のイラストは，3次元空間の中にかくれた6次元空間をあらわした**カラビ＝ヤウ空間**とよばれるものです。

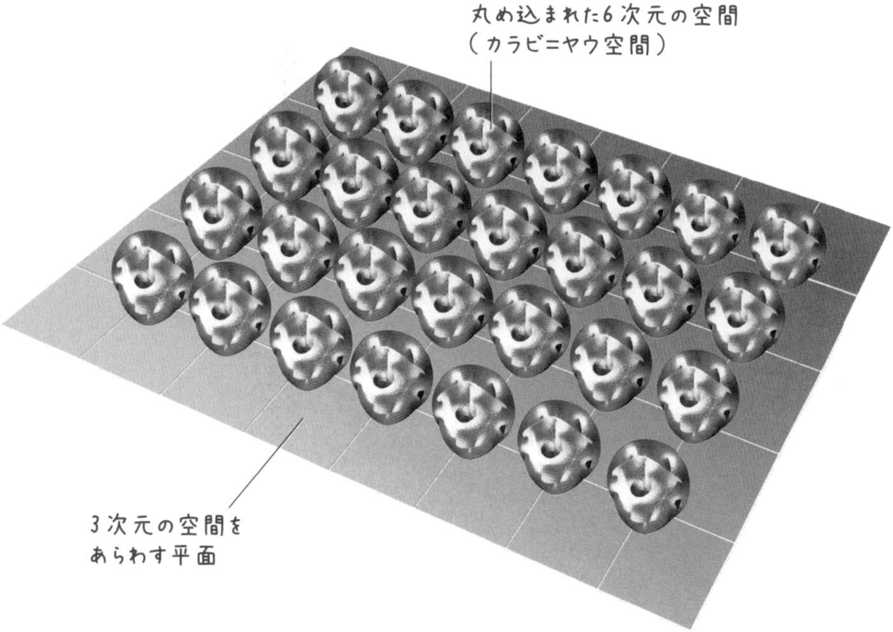

こ，これが6次元の姿ですか!?

はい。「カラビ＝ヤウ空間」は，発見者であるアメリカ人の数学者**ユージェニオ・カラビ**（1923～2023）と**シン＝トゥン・ヤウ**（1949～）の名前にちなんでいます。3次元を超えた空間はカラビ＝ヤウ空間の形をしていると予想されています。

こんな奇妙なものが，空間のいたるところにある，というわけですか。

そうです。**丸まってかくれている次元の大きさのサイズははっきりはしていませんが，ひもと同じくらいのサイズではないかと考えられています。**
また273ページで**巻きつき**について少しふれましたが，カラビ＝ヤウ空間は複雑な空間なので，ひもが巻きつくことができる場所がたくさんあり，さまざまな種類の素粒子を書きあらわすと考えられています。

ひもと同じサイズということは，ほぼほぼ大きさがない，ってことですね。うーむ……。

ただし，高次元空間をイラストで正しく表現することは不可能です。カラビ＝ヤウ空間は，あくまでもイメージを表現したものだということに注意してください。

重力の正体は「閉じたひも」なのかもしれない

さて，ここでこれまでの話を簡単に振り返っておきましょう。超ひも理論は，素粒子を**ひも**だと考え，その性質やふるまいを説明するための理論です。
素粒子をひもで表現するには，3次元空間では足りず，**9次元空間**が必要です。
このような高次元空間を想定すると，3時間目で見たように，重力子が高次元に拡散しているために，他の力よりも弱いのだ，という説明がつくことになります。

はい。もう，いろいろとぶっ飛びすぎていて，当初の目的を見失ってしまいそうです。
そういえば，なぜ重力だけが高次元に拡散してしまうんですか？　電磁気力を伝える素粒子だって，高次元に拡散してしまうかもしれないじゃないですか。なんか都合がよすぎますよね。

するどいご指摘。
少しむずかしいかもしれませんが，重力だけが高次元に漏れでていく理由について，お話ししましょう。
ここではあまりくわしい説明はしませんが，**超ひも理論では，私たちが暮らしている3次元空間は，膜のようなものかもしれないと予言しています。**その膜は**Dブレーン**（以下ブレーンと略します）とよばれています。“膜（membrane）”という言葉に由来し，その言葉通り，薄い膜のように広がる領域（あるいは構造）を示しています。

膜!?

はい。ブレーンはひもが平面状に広がって，膜のようになったものだと考えられています。
一般的な膜は2次元ですが，超ひも理論における膜は2次元にとどまらず，3次元や4次元，果ては9次元にまで展開するブレーンも存在することになります。そして，**私たちの暮らす宇宙全体が，3次元のブレーンだと考えられているのです。**

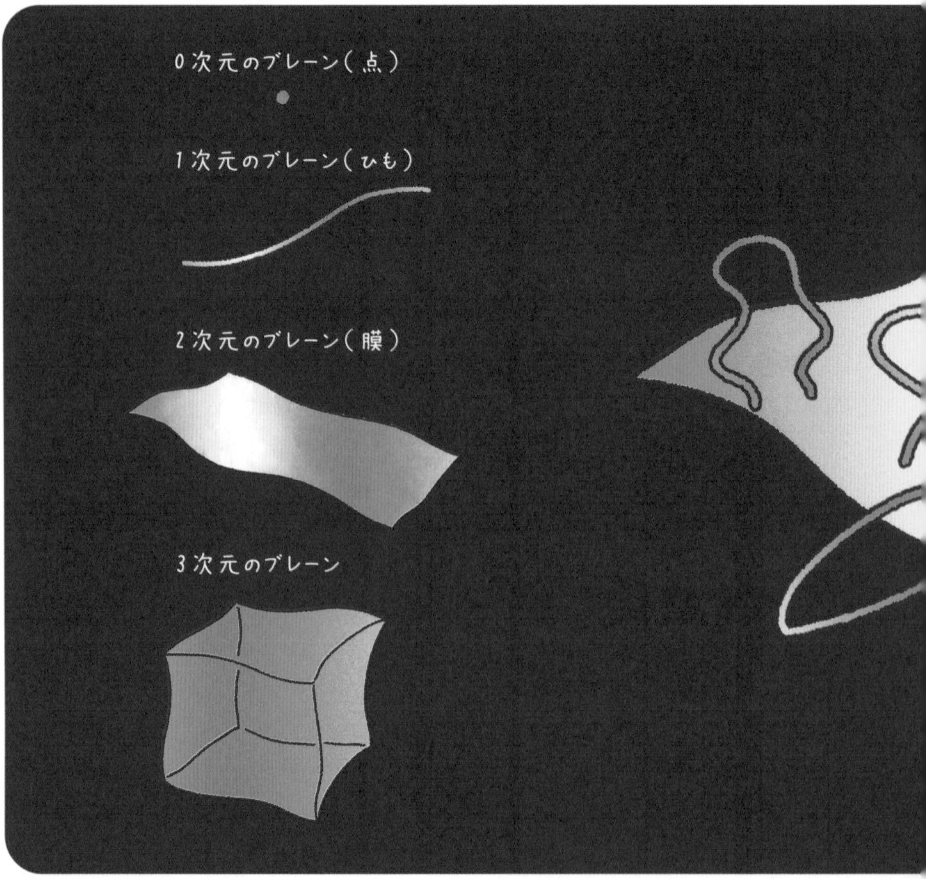

私たちのいる宇宙空間全体が，広大な3次元ブレーンで，その外には高次元空間が広がっている―**つまり私たちは，高次元空間の中に浮かんだ3次元ブレーンの中で暮らしている，ということになります。**これは先ほど紹介したカラビ＝ヤウ空間のコンパクト化とは，またことなる高次元空間の考え方です。
さらに，この高次元空間には，私たちの宇宙とは別のブレーン宇宙が存在しているとも考えられています。

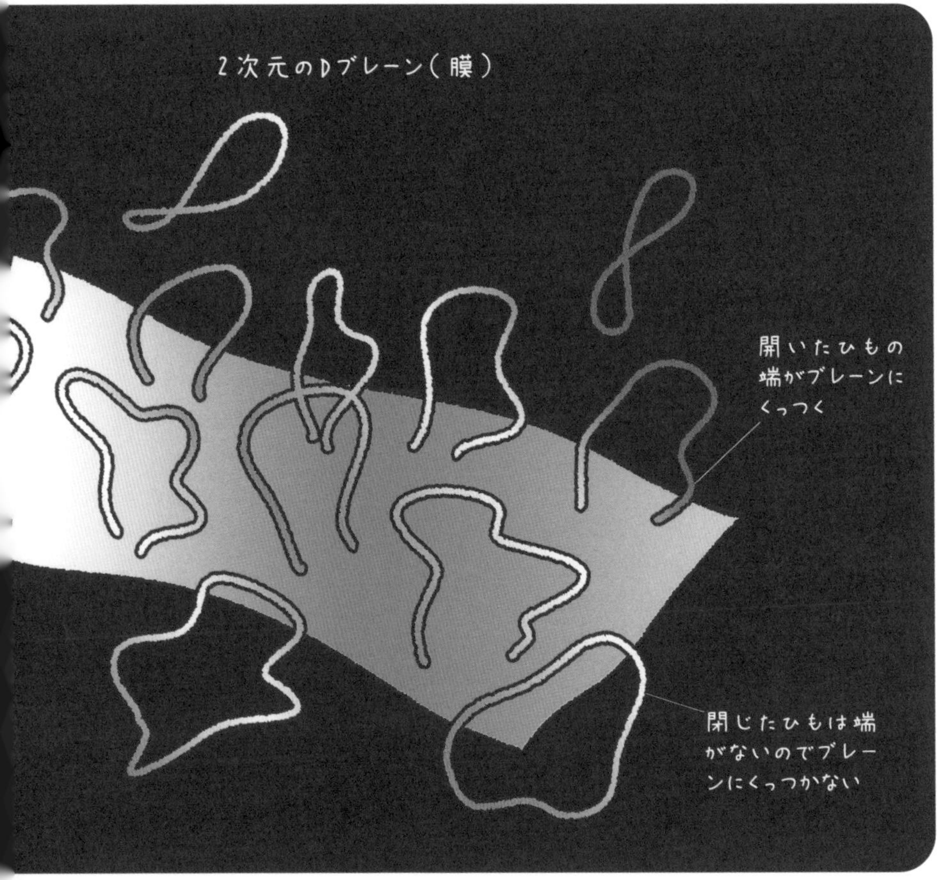

この世界は，高次元の中に浮かぶ膜の中なんですか。

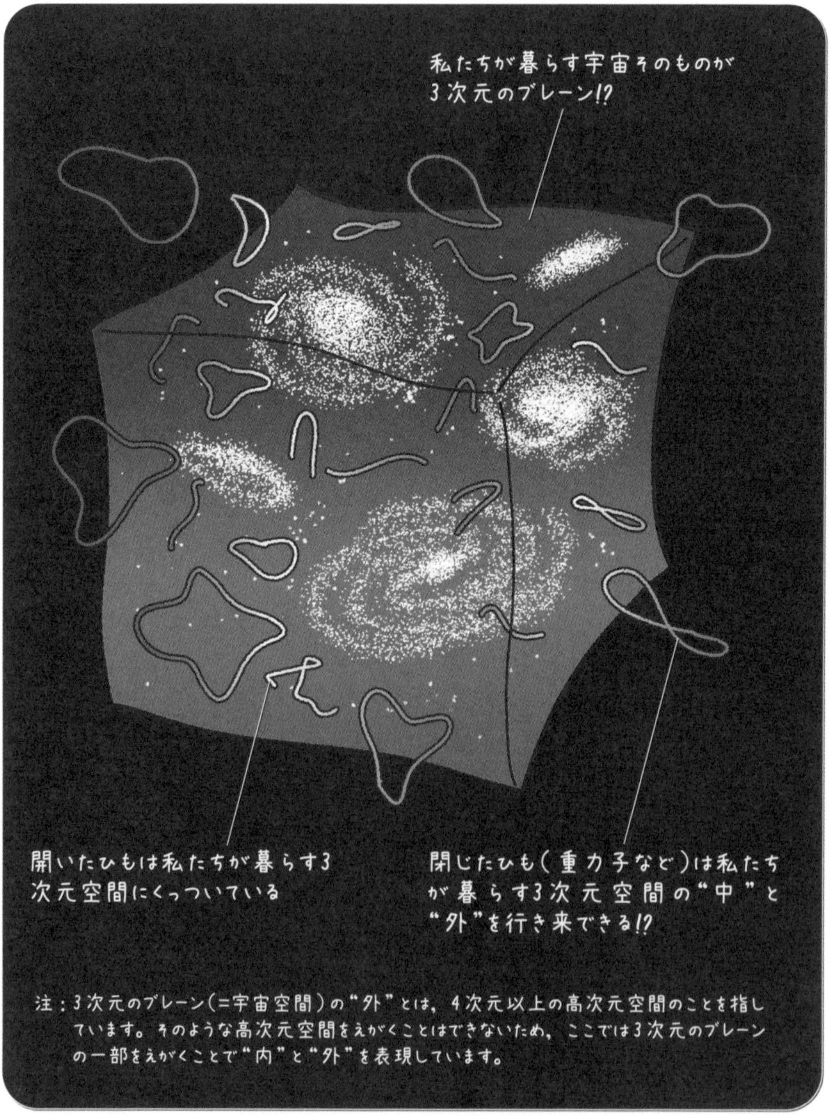

ええ。
さらにこのようなブレーンにはある重要な特徴があります。
先ほど，ひもには「閉じたひも」と「開いたひも」があるとお話ししました。開いたひもは両端があり，閉じたひもはその端がくっついて輪になっていると。
そしてなんと**開いたひもはブレーンにくっつき，ブレーンからはなれることができない一方，閉じたひもはブレーンにくっつく“端”をもっていないため，ブレーンからはなれて動くことができるのです！**

開いたひもと閉じたひもでちがうんですか!?

そうなんです。
超ひも理論においては，重力を伝達する重力子は，閉じたひもであらわされると考えられています。一方で，ほかの素粒子は開いたひもであらわすことができると考えられています。

ということは，**重力だけが自由**ってことになりますね。

その通りです。
私たち人間を含むこの世界の物体や，電磁気力などの力は，開いたひもと考えられているため，3次元空間の世界（ブレーン）にくっついた状態でしか動きまわることができません。

一方で，**重力子（閉じたひも）は，3次元空間にしばられることなく，より高次元の空間を動くことができ，ブレーンの外の，高次元の世界にも自由に出ていくことができるのです。**
そうやって，重力子が高次元空間に漏れ出てしまうため，重力はほかの力よりも弱いと考えられるのです。

ははぁ。なるほど～。だから，この世界では重力が薄まってるわけなんですね。

超ひも理論の「超」は，「超対称性粒子」に由来

先生，超ひも理論の**超**って何なんでしょうか？

それは，**すごい**という意味です。

なるほど！
すごいひもの理論，すなわち超ひも理論ってことですね！納得。

んなわけないでしょう。

えっ!?

超ひも理論の超は，**超対称性**の超に由来しているんです。

ちょうたいしょうせい？

はい。素粒子をひもだと考える「ひも理論」は，1960年代からありますが，一部の素粒子しかあつかうことができませんでした。
しかし，そこに**超対称性**の考え方を取り入れて拡張することで，すべての素粒子をとりあつかえるようになったのです。
超対称性の考え方によると，既知の素粒子それぞれにパートナーとなる未発見の素粒子が存在することになります。
このような素粒子を**超対称性粒子**といいます。

超対称性粒子？

たとえば，素粒子の**光子（フォトン）**には，そのパートナーとして，光子に似ているパートナー，**フォティーノ**が存在します。このように，すべての素粒子について，パートナーとなる超対称性粒子が存在すると考えられています。

超対称性粒子は見つかっているんですか？

いいえ，**超対称性粒子はまだ一つも見つかっていないんです。**
超対称性粒子は，ヨーロッパ原子核研究機構の大型加速器LHCなどを使って探索されていますが，まだ発見されていないのです。
超対称性粒子の存在が実験で確認されれば，超ひも理論の研究は**俄然いきおいづく**ことになるでしょうね！

おー，超対称性粒子，見つかってほしいですね！

ええ。さらに超対称性粒子は，3時間目でお話しした**ダークマターの正体**ではないか，とも考えられています。
現在発見されている素粒子や，それらで形づくられた物質はダークマターの条件を満たしません。
そのため，未発見の超対称性粒子，とくに**ニュートラリーノ**とよばれる軽くて電荷をもたない粒子が，ダークマターの候補として考えられています。

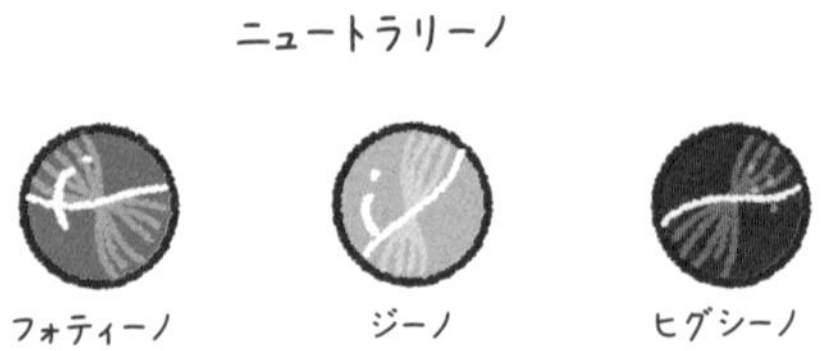

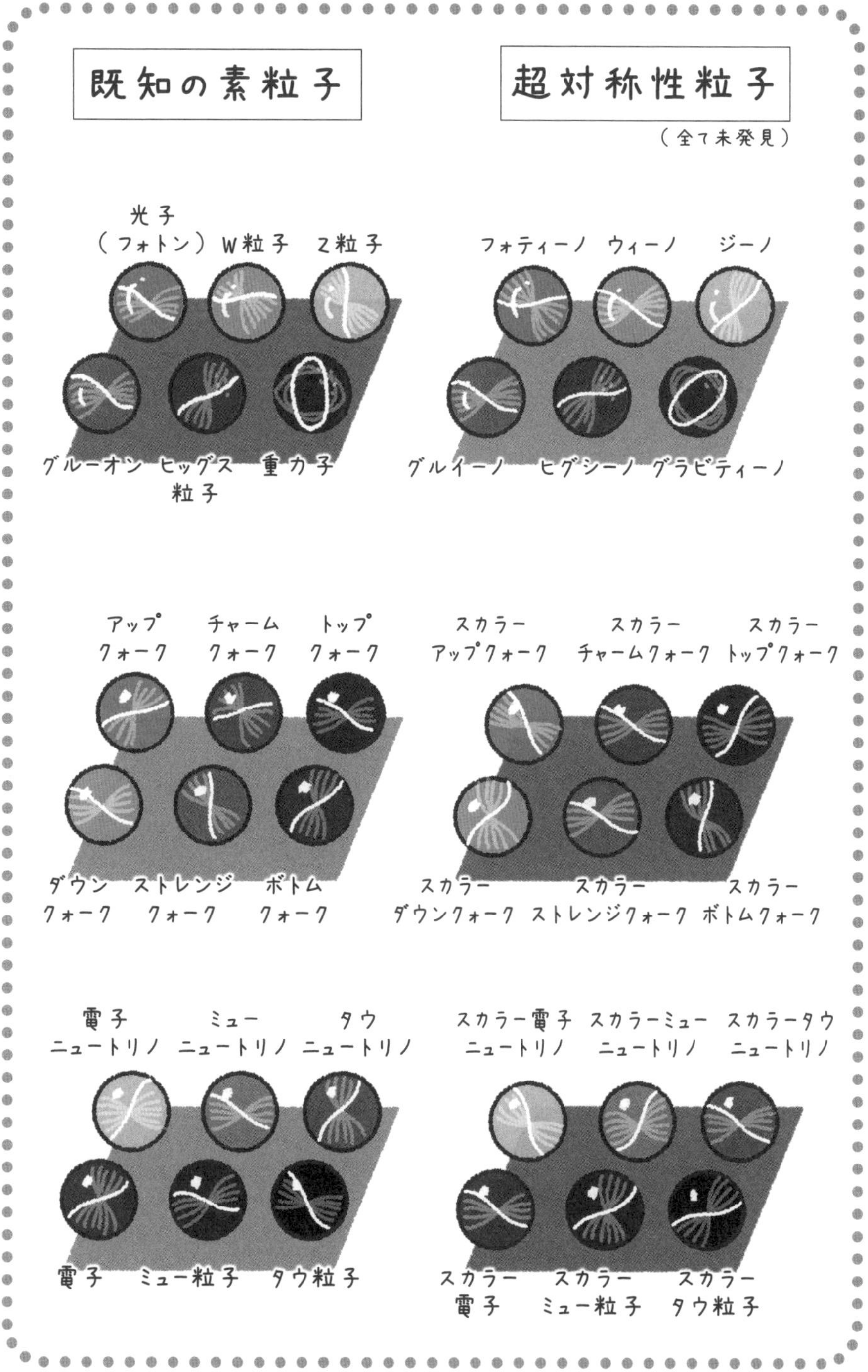
既知の素粒子
超対称性粒子
（全て未発見）
光子（フォトン）
W粒子
Z粒子
グルーオン
ヒッグス粒子
重力子
フォティーノ
ウィーノ
ジーノ
グルイーノ
ヒグシーノ
グラビティーノ
アップクォーク
チャームクォーク
トップクォーク
ダウンクォーク
ストレンジクォーク
ボトムクォーク
スカラーアップクォーク
スカラーチャームクォーク
スカラートップクォーク
スカラーダウンクォーク
スカラーストレンジクォーク
スカラーボトムクォーク
電子ニュートリノ
ミューニュートリノ
タウニュートリノ
電子
ミュー粒子
タウ粒子
スカラー電子ニュートリノ
スカラーミューニュートリノ
スカラータウニュートリノ
スカラー電子
スカラーミュー粒子
スカラータウ粒子

LHCなら，超対称性粒子をつくれるかも

超対称性粒子は，超ひも理論に必要で，さらにダークマターの候補かもしれない，と。素粒子物理学にとって，ものすごい重要な粒子なんですよね。どうにか見つけることはできないんでしょうか？

超対称性粒子はまだ見つかっていませんが，巨大加速器**LHC**を使って，超対称性粒子を実際につくりだしてしまおうという動きがあります。

巨大加速器？　LHC？

加速器とは，粒子を高速で衝突させるための**実験装置**のことです。
加速器は，内部が真空になったパイプが本体で，その中で，陽子などの粒子を光の速度近くまで加速させることができるんです。
そして，**猛スピードに加速した粒子どうしを正面衝突させると，エネルギーの大きさに応じた，さまざまな新しい粒子が生みだされるんです。**

粒子が生じる……？
壊れて，破片が飛び散るようなイメージですか？

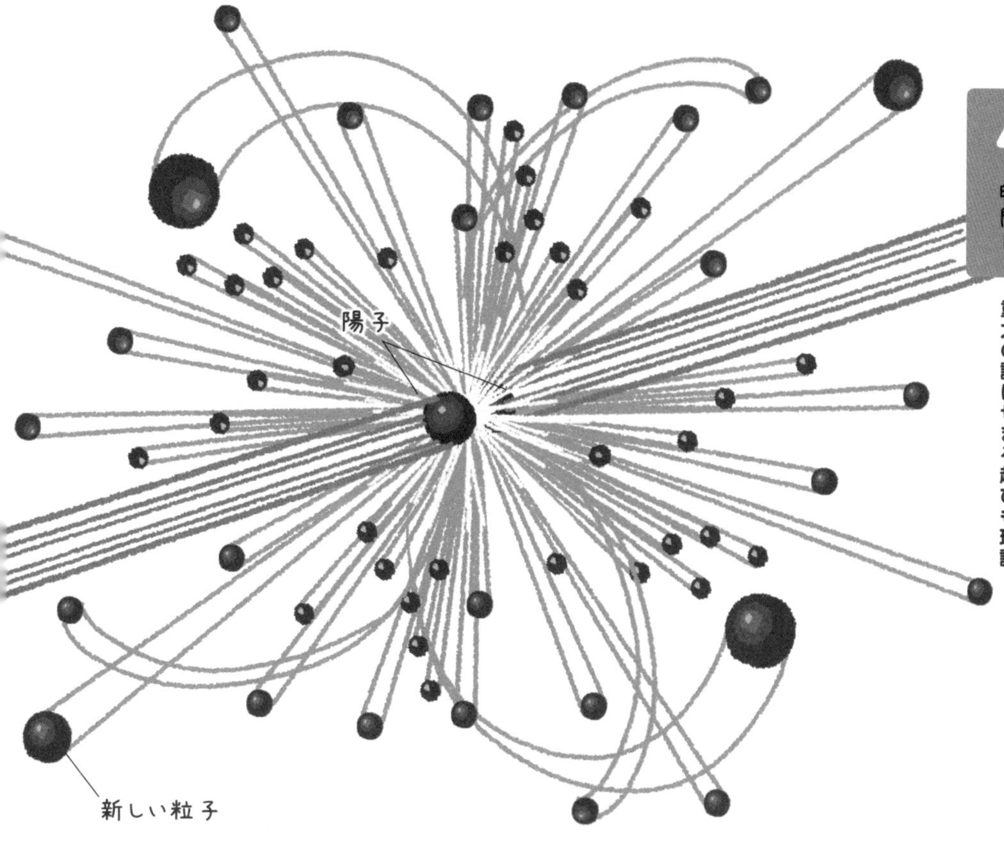

いいえ，全然ちがうんです。

衝突によって壊れるのではなくて，衝突時のエネルギーをもとに，まったく新しい粒子が生まれているんです。ですから，衝突前には存在しなかった粒子が大量に発生するんですよ。

一般的な衝突のイメージとはちがうので，信じがたいかもしれませんね。

うーむ……。
とにかく，ものすごい装置なんですね！

そうなんですよ。素粒子物理学では，加速器は**必須の実験道具**なんです。実際に，**加速器実験によって数々の新しい粒子が発見されました。**

そんな猛スピードを出すということは，大きな装置なんでしょうね。

スイスのジュネーブには，ヨーロッパ原子核研究機構（CERN）の巨大な加速器**LHC**があります。
この加速器は，1周が27キロメートルもあるリングになっています。**JR山手線の長さ**に匹敵する大きさですね。

山手線規模の大きさ！
そんな巨大な実験施設で行われているのが，とっても小さな素粒子の研究とは……。
そこで超対称性粒子が見つかるかもしれないんでしょうか？

ええ。LHCの実験目標の一つが，超対称性粒子をつくりだすことです。
LHCで陽子と陽子を衝突させると，クォークやグルーオンといった素粒子の超対称性粒子が発生する場合があると考えられているんです。

ダークマターの候補だっていう，ニュートラリーノはつくれないんですか？

加速器の実験でクォークやグルーオンの超対称性粒子が誕生すると，瞬時に別の素粒子に崩壊して，さまざまな素粒子を発生させます。
その中には，ダークマターの有力候補である超対称性粒子ニュートラリーノも含まれている可能性がありますよ。

おー！　だとすれば，いつか「ダークマターの粒子発見！」なんてニュースが世界を駆けめぐる日が来るかもしれませんね！

高次元空間があれば，ミニブラックホールができるかも

ここで，加速器を使った，高次元空間の検証方法を紹介しましょう。それは，ブラックホールの痕跡を探るというものです。

ブラックホールの痕跡？

はい。**余剰次元が存在するならば，LHCで粒子を衝突させることによって，小さなブラックホールをつくりだすことができるかもしれないのです。**

ちょっとまってください。ブラックホールって宇宙にあって，その強力な重力のせいで光さえも二度と脱出できないってお話がありましたよね？

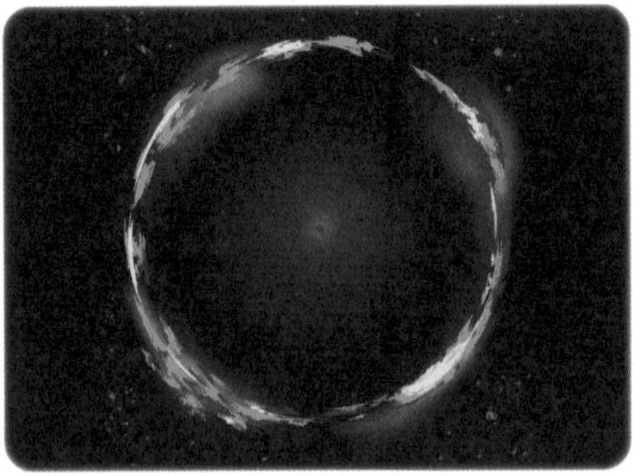

ええ。
どんな物質でも，きわめて高密度に圧縮すればブラックホールになると考えられています。

たとえば半径約6378キロメートルの地球（質量約6.0×10^{24}キログラム）を，半径1センチメートルほどに圧縮できれば，ブラックホールになるといわれています。

地球を半径1センチに圧縮！

不可能でしょう！

たとえば，加速器でものすごいスピードで粒子を衝突させれば，高密度に粒子を圧縮することができます。しかし現在のLHCのエネルギーでは，ブラックホールを生成できるほどには粒子を圧縮できません。
普通に考えるとブラックホールをつくることはできません。

ですよね。

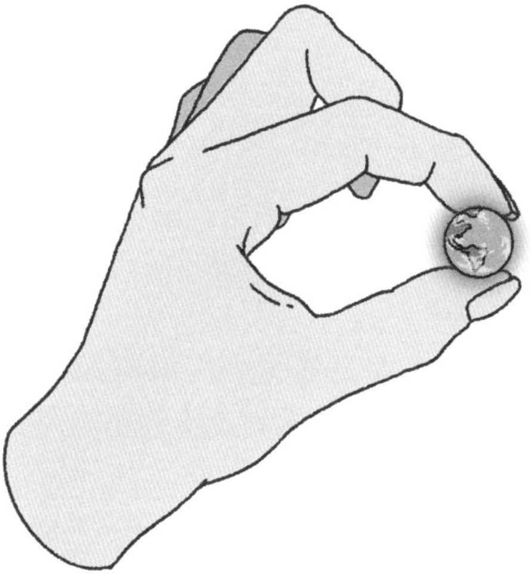

ところが！ もし，かくれた高次元空間があれば，その高次元空間の大きさより近距離では，重力が強くなると考えられています。高次元空間に逃げだす前の重力も加算されて，重力が“本来の”強さを取りもどすのです。そうすれば，現在のLHCのエネルギーであっても，粒子どうしが強力な重力によって引き合い，ブラックホールになる可能性があるのです。

それはすごい！
で，でも危険ではないのですか？　ひょっとして，ものすごい重力で施設ごと飲みこまれてしまうとか……。

そんなに心配しなくても大丈夫ですよ。
たとえLHCでブラックホールが生じたとしても，そのようなブラックホールはきわめて小さく，強い重力で周囲の物質を飲みこむどころか，逆に光子などのさまざまな粒子を周囲に放出して，一瞬（10^{-26}秒ほど）で蒸発してしまうでしょうから。

そうなんですね。もしブラックホールができたら，そこに高次元があるってことになるんですね！　でも，そんな短い時間しか存在しないブラックホールを確認することなんて，できるんですか？

ブラックホールが蒸発するときに飛び散る粒子を手がかりに，ブラックホールの存在を確認するんです。

通常，粒子どうしの衝突によってさまざまな粒子が生じるとき，衝突した粒子の種類によって生じる粒子にはかたよりが生じます。たとえば，電気をおびた粒子が衝突すれば，電気をおびた粒子が多く生じるなどですね。
ところが，**ブラックホールが蒸発する場合，光子やグルーオン，電子などのさまざまな種類の粒子を放出することがわかっています。出てくる粒子が特定の種類にかたよらないことが，ブラックホールの特徴なんです。**

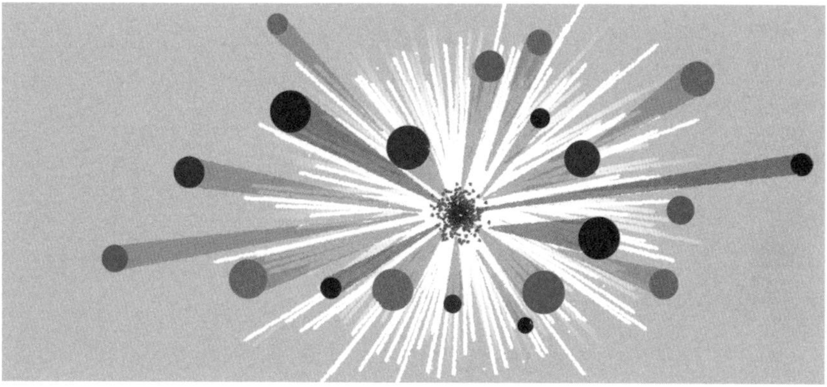

なるほど。出てくる粒子の種類から，ブラックホールができたかどうかわかるんですね。
これまでにブラックホールができた証拠はとらえられていないんですか？

実は，LHCで2015年に観測されたデータを解析したところ，ブラックホールの生成の可能性がある現象が報告されています。
重粒子（陽子）どうしの衝突によってブラックホールができ，そのあと一瞬で蒸発して，光子などさまざまな粒子が周囲に飛び散った可能性があるのです。

おおっ！ ブラックホールじゃないですか！

しかし残念ながら，観測解析データはそれ以外の解釈や説明もじゅうぶんに可能であったため，ブラックホールが生成されたとは断定できませんでした。

そうですか……。今後の観測に期待ですね。

そうですね。ブラックホールができたことがわかれば，高次元空間の存在の証拠になりますからね。

はい！

さて，ここまでさまざまな面から重力の謎について紹介していきました。
ガリレオ・ガリレオによる落体の法則，アイザック・ニュートンによる万有引力の法則，アルバート・アインシュタインによる相対性理論，そして超ひも理論……。

多くの科学者たちが，重力の正体にせまってきたわけですね。質量をもつものどうしが引き合う力，時空のゆがみ，重力子，そしてひもと。

そうですね。
先人たちが見つけてきたさまざまな法則により，私たちの世界観は大きく変わってきました。
現在，ブラックホールやダークマター，そしてダークエネルギーなど，重力が引きおこす謎はまだまだ多く残されています。
これらの謎が解かれるとき，私たちの世界観はふたたび，大きくくつがえされることになるでしょうね。

これからも，重力の研究からは目をはなせませんね！
先生，どうもありがとうございました！

索引

さ

た

な

は

ま

や

ら

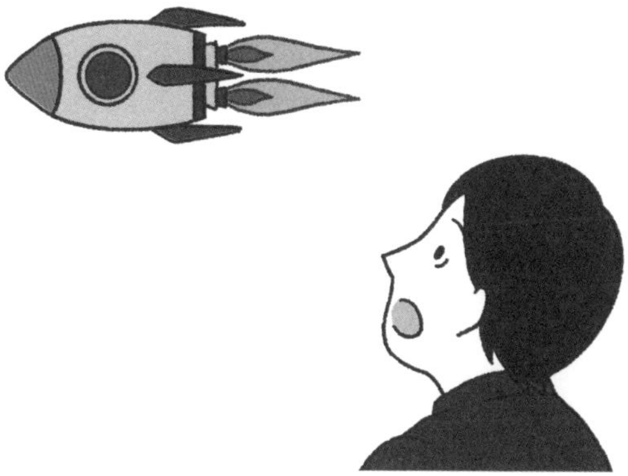

主な内容

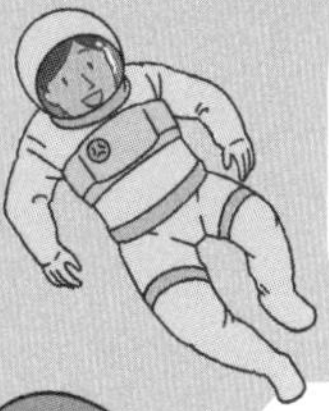

太陽系とは何か？

太陽と八つの惑星

太陽系の中心，太陽

太陽系の中心にして最大の天体

岩石の惑星　水星・金星・地球と月・火星

太陽に一番近い惑星，水星

地球によく似ている惑星，火星

ガスの惑星，氷の惑星　木星・土星

太陽系で最大の惑星，木星

巨大な氷の惑星，天王星と海王星

太陽系を構成するその他の天体たち

準惑星と小惑星

太陽系の誕生と終わり

太陽系のはじまり

太陽はやがて燃えつきる

Staff

Editorial Management	中村真哉
Editorial Staff	井上達彦，山田百合子
Cover Design	田久保純子

Illustration

表紙カバー	松井久美
表紙	松井久美
生徒と先生	松井久美
4~5	松井久美
6	佐藤蘭名
7~9	松井久美
10~11	羽田野乃花
13	松井久美
14	佐藤蘭名, 松井久美
15~26	松井久美
28	佐藤蘭名
31	羽田野乃花
34~39	Newton Press
42~47	松井久美
48	Newton Press
50~55	松井久美
58	Newton Press
61	羽田野乃花
62~63	松井久美
64~65	羽田野乃花
68	松井久美
70	羽田野乃花
73	松井久美
75	Newton Press, 松井久美
76~81	松井久美
83~84	佐藤蘭名
85	松井久美
87	佐藤蘭名
88	松井久美
91~92	佐藤蘭名
95~119	松井久美
120~123	佐藤蘭名
125~130	松井久美
131	佐藤蘭名
132~135	松井久美
137~140	佐藤蘭名
142~144	松井久美
147~149	Newton Press
152	松井久美
153~165	Newton Press
166	岡田悠梨乃
167	佐藤蘭名
171~180	松井久美
182	佐藤蘭名
185	松井久美
186	羽田野乃花
187	松井久美
188	羽田野乃花
189	松井久美
191	羽田野乃花
192	松井久美
193	岡田悠梨乃, 松井久美
194	松井久美
195	岡田悠梨乃
196	松井久美
199	佐藤蘭名
203	松井久美
204~205	岡田悠梨乃
207~209	松井久美
211	岡田悠梨乃
212	松井久美
213	佐藤蘭名
214~216	岡田悠梨乃
217~221	松井久美
224	岡田悠梨乃
227	松井久美
229	岡田悠梨乃
232	松井久美
233	岡田悠梨乃
234~236	羽田野乃花
237~238	松井久美
239	羽田野乃花
240	松井久美
241	羽田野乃花
244~249	松井久美
250	羽田野乃花
252	松井久美
253~257	羽田野乃花
259~261	松井久美
265	羽田野乃花
266	松井久美
267~269	羽田野乃花
270	羽田野乃花, 松井久美
272~289	羽田野乃花
292~293	松井久美
295	羽田野乃花
297~303	松井久美

Photograph

172 EHT Collaboration

監修（敬称略）：
松尾 泰（東京大学大学院教授）

やさしくわかる！
文系のための 東大の先生が教える
重力

2024年6月10日発行

発行人 松田洋太郎
編集人 中村真哉
発行所 株式会社 ニュートンプレス 〒112-0012 東京都文京区大塚3-11-6
https://www.newtonpress.co.jp/
電話 03-5940-2451

ISBN978-4-315-52812-1